土 力 学

主编　刘俊芳

西南交通大学出版社
·成　都·

图书在版编目（CIP）数据

土力学 / 刘俊芳主编. —成都：西南交通大学出
版社，2017.5
ISBN 978-7-5643-5394-0

Ⅰ. ①土… Ⅱ. ①刘… Ⅲ. ①土力学 Ⅳ. ①TU43

中国版本图书馆 CIP 数据核字（2017）第 083485 号

土力学

主编 刘俊芳

责 任 编 辑	杨　勇
封 面 设 计	墨创文化
	西南交通大学出版社
出 版 发 行	（四川省成都市二环路北一段 111 号 西南交通大学创新大厦 21 楼）
发行部电话	028-87600564　028-87600533
邮 政 编 码	610031
网　　　址	http://www.xnjdcbs.com
印　　　刷	四川森林印务有限责任公司
成 品 尺 寸	185 mm × 260 mm
印　　　张	10.75
字　　　数	242 千
版　　　次	2017 年 5 月第 1 版
印　　　次	2017 年 5 月第 1 次
书　　　号	ISBN 978-7-5643-5394-0
定　　　价	29.80 元

前　言

自参加工作以来，编者一直承担着"土力学"课程的教学工作，细数已有10年之久。课堂教学一直以讲为主，故教材的选择以老师为主体。但随着土木工程专业的"华约"认证，新一轮培养方案的修订，各学科包括土力学的教学学时锐减，以我校为例，由原来的40学时，降为32学时，但教学效果有明确的达标度要求。1. 应用力学知识解决土木工程专业的复杂工程问题；2. 采用科学方法对土木工程专业的复杂工程问题进行研究。如何提高教学效果，从教材角度出发，应更多地适合学生自学，即教材应以学生为主，故编写该教材。

该教材的特点：

1. 适合学生自学，每一章都有导学思路。

2. 内容浅显易懂，适合初次接触土力学的学生或技术工人。

在教材编写过程中，借鉴了各个优秀教学团队的精品课程内容，如清华大学的土力学精品课程，以及其他优秀教材的内容安排等，在此衷心感谢。

本书共10章，其中前8章由内蒙古工业大学土木工程学院道交系刘俊芳老师编写，第9章和第10章由内蒙古工业大学土木工程学院实验中心郭莹莹老师编写。另外，在本书编写过程中编者得到了李驰老师的鼓励和指点，深表感谢！

编　者

2017年2月

目 录

绪　论

"普天之下，莫非王土"，"温柔的人有福了，因她必将承载以土地"，故不管是帝王之争，还是基督的教义，都将土地作为至宝，土地对于我们何等重要，可见一斑。生活中的我们也是与土息息相关的，土地是人类赖以生存的根本，"衣食住行"都离不开土地。土力学正是人类从"住，行"角度出发研究土体力学性质的一门学科。居住的房屋，奔驰的汽车都以大地为支撑，故从有了人类以来，就有了对土的力学"研究"，只是未形成学科而已。

土，不同于钢筋，也不同于混凝土，是天然形成的，是岩石在地质大循环的过程中形成的。岩石到土的过程经历了风化、沉积、搬运等地质作用，故形成过程不同，土性截然不同。岩石风化后的固体颗粒堆积在一起，其孔隙中填充水或气体便是土体，故土体不是匀质材料，是由固体颗粒、水、气三种介质组成的三相体，其土性复杂即源于此。

土力学是以土为研究对象的一门学科，其作为一门正式的学科，是以 1925 年太沙基出版的《土力学》一书作为标志点。卡尔·太沙基，被誉为土力学之父，他是从工程技术人员逐渐成为一名专家乃至学者的。正如他自己谦逊地提到，土力学的诞生，不是个人的力量，而是时代的力量，是时代的需求。工程实践的需求是土力学发展的最大动力，故土力学应该是"从实践中来，到实践中去"的一门学科。

土力学，作为一门力学课程，由于土性的复杂，其分析方法与其他力学不同。土力学借鉴了连续体力学的分析方法，结合工程实践经验和试验，形成了其独特的分析方法，故在很多文章中看到土力学是一门"伪力学"的论述，实际上应该无视其真伪，只要能够为工程实践做到良好的服务就是"真"。故土力学的研究或学习应始终秉承为工程实践服务的理念。

本书的主要内容包括：第 1 章　土的物理性质及工程分类；第 2 章　土的渗透性及渗透规律；第 3 章　土中应力计算；第 4 章　土的压缩性及固结理论；第 5 章　土的抗剪强度；第 6 章　土压力；第 7 章　土坡稳定分析；第 8 章　地基承载力；第 9 章　土工试验；第 10 章　桩的检测技术。即囊括了土力学的三大理论（土的渗透性理论、变形理论和强度理论），以及土力学的工程应用问题（沉降计算问题、地基承载力问题、土压力问题、土坡稳定问题）和土力学的基础知识。

第1章 土的物理性质和工程分类

【导 学】

　　该章节的内容是开启土力学学习之旅的起点,土力学的研究对象是土体,所以要对土体有一个清楚的认识。该章节包含了6小节的内容,即6个知识模块。这6个知识模块是我们对土进行认识的6个窗口。对于一种土体的完整表述要包括以下几个方面:

　　(1)形成过程。

　　(2)土体颗粒特征,包括固体颗粒大小搭配情况、颗粒形状、颗粒矿物成分等。

　　(3)液相的存在状态。

　　(4)三相之间的比例关系,可以用9个三相比例指标中的几个来表示。

　　(5)土的结构。

　　(6)土的物理状态。

　　(7)工程分类。

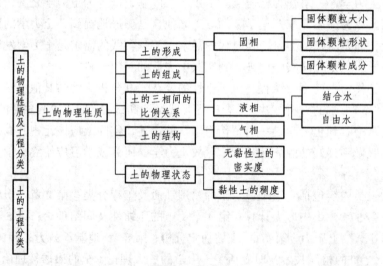

图 1.1 导学图

　　该章节的知识点多且较为分散,所以将导学图纳入心中,对各个小知识点进行归类,是学习的有效方法。

1.1 土的形成

　　在土木工程中,土是指岩石风化后形成的碎散的、覆盖于地表的、由矿物颗粒和岩石碎屑组成的堆积体。地球表面的岩石在大气中经受长期的风化作用而破碎后，形成形状不同、大小不一的颗粒，这些颗粒受各种自然力的作用，在各种不同的自然环境下堆积下来，就形成通常所说的土。堆积下来的土，在很长的地质年代中发生复杂的物理化学变化，逐渐压密、岩化，最终又形成岩石，就是沉积岩。因此，在自然界中，岩石不断风化破碎形成土，而土也会不断压密、岩化变成岩石。这一循环过程重复地进行着。工程上遇到大多数土都是在第四纪地质历史时期内所形成的。第四纪地质年代的土又可化为更新世和全新世两类。其中第四纪全新世中晚期沉积的土，亦即在人类文化期以来所沉积的土称为新近代沉积土，一般为欠固结土，强度较低。

按形成土体的地质作用力和沉积条件（沉积环境），可将土体划分为若干成因类型，如残积、坡积、洪积、冲积等。不同的成因类型决定了土体的性质成分及其工程地质特征。

1.1.1　残积土

残积土体是由基岩风化而成，未经搬运留于原地的土体。它处于岩石风化壳的上部，是风化壳中剧风化带。残积土一般形成剥蚀平原。

影响残积土工程地质特征因素主要是气候条件和母岩的岩性：

1. 气候因素

气候影响着风化作用类型，从而使得不同气候条件不同地区的残积土具有特定的粒度成分、矿物成分、化学成分。

（1）干旱地区：以物理风化为主，只能使岩石破碎成粗碎屑物和砂砾，缺乏黏土矿物，具有砾石类土和工程地质特征。

（2）半干旱地区：在物理风化的基础上发生化学变化，使原生的硅酸盐矿物变成黏土矿物；但由于雨量稀少，蒸汽量大，故土中常含有较多的可溶盐类，如碳酸钙、硫酸钙等。

（3）潮湿地区：① 在潮湿而温暖，排水条件良好的地区，由于有机质迅速腐烂，分解出 CO_2，有利于高岭石的形成。② 在潮湿温暖而排水条件差的地区，则往往形成蒙脱石。

可见：从干旱、半干旱地区至潮湿地区，土的颗粒组成由粗变细；土的类型从砾石类土过渡到砂类土、黏土。

2. 母岩因素

母岩的岩性影响着残积土的粒度成分和矿物成分；酸性火成岩，含较多的黏土矿物，其岩性为粉质黏土或黏土；中性或基性火成岩，易风化成粉质黏土；沉积岩大多是松软土经成岩作用后形成的，风化后往往恢复原有松软土的特点，如：黏土岩形成黏土；细砂岩形成细砂土等。

残积物的厚度在垂直方向和水平方向变化较大；这主要与沉积环境、残积条件有关（山丘顶部因侵蚀而厚度较小；山谷低洼处则厚度较大）。残积物一般透水性强，以致残积土中一般无地下水。

1.1.2　坡积土

坡积土体是残积物经雨水或融化了的雪水的片流搬运作用，顺坡移动堆积而成的，所以其物质成分与斜坡上的残积物一致。坡积土体与残积土体往往呈过渡状态，其工程地质特征也很相似。

（1）岩性成分多种多样。

（2）一般见不到层理。

（3）地下水一般属于潜水，有时形成上层滞水。

（4）坡积土体的厚度变化大，由几厘米至一二十米，在斜坡较陡处薄，在坡脚地段厚。一般当斜坡的坡角越陡时，坡脚坡积物的范围越大。

1.1.3 洪积土

洪积土体是暂时性、周期性地面水流——山洪带来的碎屑物质，在山沟的出口地方堆积而成。洪积土体多发育在干旱半干旱地区，如我国的华北、西北地区。其特征为：距山口越近颗粒越粗，多为块石、碎石、砾石和粗砂，分选差，磨圆度低、强度高，压缩性小（但孔隙大，透水性强）。距山口越远颗粒越细，分选好，磨圆度高，强度低，压缩性高。

此外：洪积土体具有比较明显的层理（交替层理、夹层、透镜体等）；洪积土体中地下水一般属于潜水。

1.1.4 湖积土

湖积土体在内陆分布广泛，一般分为淡水湖积土和咸水湖积土。淡水湖积土：分为湖岸土和湖心土两种。湖岸多为砾石土、砂土或粉质砂土；湖心土主要为静水沉积物，成分复杂，以淤泥、黏性土为主，可见水平层理。咸水湖积物以石膏、岩盐、芒硝及 RCO_3 岩类为主，有时以淤泥为主。总之，湖积土体具有以下工程地质特征：

（1）分布面积有限，且厚度不大。

（2）具独特的产状条件。

（3）黏土类湖积物常含有机质、各种盐类及其他混合物。

（4）具层理性，具各向异性。

1.1.5 冲积土

冲积土体是由于河流的流水作用，将碎屑物质搬运堆积在它侵蚀成的河谷内而形成的。

冲积土体主要发育在河谷内以及山区外的冲积平原中，一般可分为三个相，即河床相、河漫滩相、牛轭湖相。

（1）河床相：主要分布在河床地带，冲积土一般为砂土及砾石类土，有时也夹有黏土透镜体，在垂直剖面上土粒由下到上，由粗到细，成分较复杂，但磨圆度较好。

山区河床冲积土厚度不大，一般为 10 米左右；而平原地区河床冲积土则厚度很大，一般超过几十米，其沉积物也较细。

河床相物质是良好的天然地基。

（2）河漫滩相冲积土是由洪水期河水将细粒悬浮物质带到河漫滩上沉积而成的。一般为细砂土或黏土，覆盖于河床相冲积土之上。常为上下两层结构，下层为粗颗粒土，上层为泛滥的细颗粒土。

（3）牛轭湖相冲积土是在废河道形成的牛轭湖中沉积下来的松软土。由含有大量有机质的粉质黏土、粉质砂土、细砂土组成，没有层理。

（4）河口冲积土：由河流携带的悬浮物质，如粉砂、黏粒和胶体物质在河口沉积的一套淤泥质黏土、粉质黏土或淤泥，形成河口三角洲。往往作为港口建筑物的地基。

另外，还有很多类型：冰川、崩积、风积、海洋沉积、火山等。

【复习思考题】

1. 为何要了解土的形成过程？
2. 土是如何形成的？常见的地基土形成于哪个年代？
3. 不同形成环境形成的土层的工程地质特性有何差异？

1.2 土的组成

土是由固相、液相、气相组成的三相分散系。固相物质包括多种矿物成分组成土的骨架，骨架间的空隙为液相和气相填满，这些空隙是相互连通的，形成多孔介质。液相主要是水（溶解有少量的可溶盐类）。气相主要是空气、水蒸气，有时还有沼气等。土中三相物质的含量比例不同，其形态和性状也就不同，自然界的土的固相物质约占土体积的一半以上。不同成因类型的土，即使达到相同的三相比例关系，但由于其颗粒大小、形状、矿物成分类型及结构构造上的不同，其性质也会相去甚远。土与岩石的主要区别在于固体颗粒间的联结很弱，因此，其强度较其他固体材科要低得多，且极易受外界环境（湿度、温度）的影响。由于土的成因类型、形成历史不同，其性质及性状极其复杂多变。为了对土性的复杂的工程特性做到基本了解，首先要对其组成中的三相各自进行分析。

1.2.1 固体颗粒

固体颗粒构成土骨架，它对土的物理力学性质起决定性的作用。研究固体颗粒就要分析粒径的大小及不同尺寸颗粒在土中所占的百分比，称为土的粒径级配。另外，还要研究固体颗粒的矿物成分以及颗粒的形状。这三者之间又是密切相关的。例如粗颗粒的成分都是原生矿物，形状多呈单粒状；而颗粒很细的土，其成分多是次生矿物，形状多为针片状。

1. 固体颗粒大小分析——粒径级配

由于颗粒大小不同，土可以具有很不相同的性质。例如：粗颗粒的砾石，具有很强的透水性，完全没有黏性和可塑性；而细颗粒的黏土则透水性很小，黏性和可塑性较大。颗粒的大小通常以粒径表示。由于土颗粒形状各异，所谓颗粒粒径，在筛分试验中用通过的最小筛孔的孔径表示。在水分法中用在水中具有相同下沉速度的当量球体的直径表示。工程上按粒径大小分组，称为粒组，即某一级粒径的变化范围，如图1.2所示。以砾石和砂粒为主要组成的土，称为无黏性土，以粉粒、黏粒和胶粒为主要粒径的土称为黏性土。

工程中，实用的粒径级配分析方法有筛分法和水分法两种。

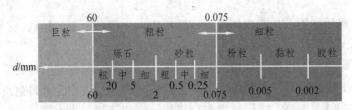

图 1.2 粒组图

筛分法适用于土颗粒大于 0.075 mm 的部分。它是利用一套孔径大小不同的筛子，将事先称过重量的烘干土样过筛，分别称留在各筛上的土重，然后计算相应的百分数。

水分法用于分析土中粒径小于 0.075 mm 的部分。根据斯托克斯（Stokes）定理，球状的颗粒在水中的下沉速度与颗粒直径的平方成正比。因此可以利用粗颗粒下沉速度快、细颗粒下沉速度慢的原理，按下沉速度进行颗粒粗细分组。基于这种原理，实验室常用密度计进行颗粒分析，称为密度计法。

筛分法和水分法的试验结果可以处理为如图 1.3 所示的粒径级配曲线。常用半对数坐标系画图。其中横坐标为粒径，纵坐标为小于某粒径的颗粒含量占总质量的百分比。粒径级配曲线的任意两点之间联系的斜率代表了某粒径范围的颗粒含量，曲线越陡，相应的粒组含量多，曲线缓相应的粒组含量少，如果曲线有平台，则相应粒组缺乏。为了进一步对土体粒径大小进行分析，定义小于某粒径的颗粒含量占总质量的百分比为 60% 时对应的粒径即为 d_{60}，称为控制粒径；同理定义 d_{50}，称为平均粒径；d_{10}，有效粒径和 d_{30}。土样的不均匀程度用不均匀系数 C_u 来表示，$C_u = d_{60}/d_{10}$；$C_u \geqslant 5$，称为不均匀土，反之称为均匀土。为了反映粒径的连续性，定义曲率系数 C_c，$C_c = \dfrac{d_{30}^2}{d_{10} \cdot d_{60}}$；$C_c = 1 \sim 3$ 为连续级配，$C_c < 1$ 或 $C_c > 3$ 为不连续级配。不均匀系数 C_u 和曲率系数 C_c 用于判定土的级配优劣：$C_u \geqslant 5$ 且 $C_c = 1 \sim 3$ 为级配良好的土；如果 $C_u < 5$ 或 $C_c > 3$ 或 $C_c < 1$ 为级配不良的土。

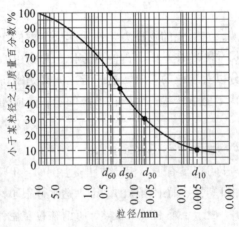

图 1.3 粒径级配累积曲线

2. 土体颗粒成分分析

土中固体部分的成分如图 1.4 所示，绝大部分是矿物质，另外或多或少些有机质。

006

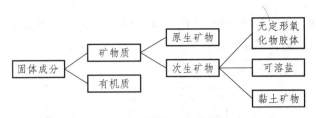

图 1.4　固体颗粒成分

原生矿物，是由岩石经过物理风化生成的，粗的土颗粒通常是由一种或多种原生矿物所组成的岩粒或岩屑，即使很细的岩粉也仍然是原生矿物。

次生矿物是由原生矿物经化学风化后形成的新的矿物成分。土中的最主要的次生矿物是黏土矿物。黏土矿物具有不同于原生矿物的复合层状的硅酸盐矿物，它对黏性土的工程性质影响很大。次生矿物还有倍半氧化物和次生二氧化硅。它们除以晶体形式存在以外，还常以凝胶的形式存在于土粒之间，增加了土体的抗剪强度。

可溶岩是第三种次生矿物，它们包括 $CaCO_3$，$NaCl$，$MgCO_3$ 等。它们可能以固体形式存在，也可能溶解在溶液中，它们也可增加颗粒间的联结，增强土的抗剪强度。

黏土矿物是一种复合的铝-硅盐晶体，颗粒呈片状，是由硅片和铝片构成的晶包所组叠而成，可分成高岭石、伊利石和蒙脱石三种类型。

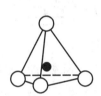
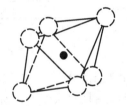

图 1.5　硅氧四面体　　　**图 1.6　铝氢氧八面体**

高岭石是两层结构，由一层硅氧四面体层和一层铝氧八面体层通过公共的氧原子连接成一个晶胞，其四面体层可以用一个等腰梯形表示。晶胞内的电荷是平衡的，晶胞之间是氧原子和氢氧根连接，氢氧根中的氢与相邻晶胞中的氧形成氢键，起着连接作用，故性质是较稳定的，水分子不易进入晶胞间而发生膨胀。典型的高岭石有 70 ~ 100 层，属三斜及单斜晶体，密度为 2.58 ~ 2.61 g/cm³，它的水稳性好，可塑性低，压缩性低，亲水性差。

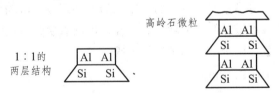

图 1.7　高岭石结构图

蒙脱石组属三层结构。它由两层硅氧四面体层夹一层氢氧化铝八面体层构成。

作为单个黏土片的蒙脱石只有几层，其特点是两层之间以氧原子与氧原子相联，靠分子间的相互作用力（范得华力）相互连接，连接力很弱，水分子容易进入晶胞之间，使晶胞距离增大。因之，蒙脱石的晶格是活动的，吸水后体积会发生膨胀，体积可增大数倍。脱水后则可收缩。膨胀土就是由于黏粒中含有一定数量的这类矿物的缘故。一般含量在5%以上，就会有明显的膨胀性。

图 1.8 蒙脱石结构图

伊利石是云母类黏土矿物的统称，亦为三层结构，与蒙脱石的不同之处是类质同像置换主要发生在硅四面体中，约有20%的硅被铝、铁置换，由此而产生的不平衡电荷由进入晶胞之间的钾、钠离子（主要是 K^+）来平衡，钾键起到晶胞与晶胞之间的连接作用，连接力较强。因此，水分子就不易进入，通水膨胀、脱水收缩的能力低于蒙脱石，单片厚为十几层，其力学性质介于高岭石与蒙脱石之间。

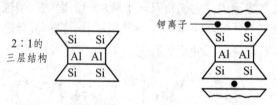

图 1.9 伊利石结构图

研究表明，片状黏土颗粒表面常带有电荷，净电荷通常为负电荷，此即为黏土矿物的带电性质。1809年，莫斯科大学列伊斯教授完成一项很有趣的试验——电渗电泳现象。他在潮湿的黏土块中，插入两根玻璃管，管内撒上一层净砂，注入清水至同样高度，再放入电极通以直流电经过一段时间后出现了如图所示的现象：正极玻璃管内的水慢慢混浊起来，同时水位逐渐下降，这说明极细小的黏粒本身带有一定量的负电荷，在电场作用下向正极移动，这种现象称为电泳。负极的玻璃管内，水仍然是清澈透明的，但水位逐渐升高，这说明水分子在电场作用下向负极移动，由于水中含有一定量的阳离子（K^+、Na^+、Ca^{2+}、Mg^{2+}等），故水的移动实际是水分子随这些水化了的阳离子一起移动，这种现象称为电渗。电泳、电渗是同时发生的，统称为电动现象。电动现象可以用来加固软黏土地基，使软土的含水量降低，强度提高，在国内已有实际应用的例子。但因耗电量很大，费用较高，一般只用于已成建筑物的加固。

3. 固体颗粒形状和比表面积

颗粒形状和比表面积，原生矿物：一般颗粒较粗，呈粒状。有圆状、浑圆状、棱角状等。次生矿物：颗粒较细，多呈针状、片状、扁平状。比表面积：单位质量土颗粒所拥有的总表面积。对于黏性土，其大小直接反映土颗粒与四周介质，特别是水，相互作用的强烈程度，是代表黏性土特征的一个很重要的指标。高岭石的比表面积为 $10 \sim 20 \text{ m}^2/\text{g}$，伊利石为 $80 \sim 100 \text{ m}^2/\text{g}$，蒙特石为 $800 \text{ m}^2/\text{g}$。

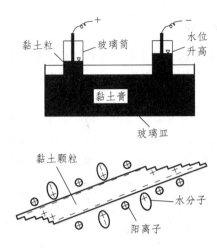

图 1.10 列伊斯电渗电泳试验

1.2.2 土中水

组成土的第二种主要成分是土中水。土中水除了一部分以结晶水的形式存在于固体颗粒内部的矿物中以外，可以分成结合水和自由水两大类。

结合水是受颗粒表面电场作用力吸引而包围在颗粒四周，不传递静水压力，不能任意流动的水。结合水根据土粒对其吸引力的强弱又分为强结合水和弱结合水。

强结合水排列致密，密度 > 1 g/cm^3；冰点处于零下几十摄氏度；完全不能移动，具有固体的特性；温度略高于 100 °C 时可蒸发。

弱结合水受电场引力作用，为黏滞水膜，外力作用下可以移动，不因重力而流动，有黏滞性。

自由水是不受颗粒电场引力作用的孔隙水。自由水分为毛细水和重力水。毛细水由于土体孔隙的毛细作用升至自由水面以上的水。毛细水承受表面张力和重力的作用；重力水是自由水面以下的孔隙自由水，在重力作用下可在土中自由流动。

1.2.3 土中气

自由气体是与大气连通的气体。对土的性质影响不大。

封闭气体则是指被土颗粒和水封闭的气体，其体积与压力有关。它的特点：会增加土的弹性；阻塞渗流通道，降低渗透性；溶解在水中的气体；吸附于土颗粒表面的气体。

【复习思考题】

1. 何谓黏粒、黏性土、黏土、黏土矿物？

2. 土中黏土矿物对土的性质有何影响？

3. 何谓粒径级配累积曲线？工程中如何应用粒径级配曲线分析土体？

4. 为何水对砂性土影响小而对黏性土的影响较大？

1.3 土的三相比例指标

土的三相之间的比例关系是土的工程力学性质表现的基石，为了对三相之间的比例关系做一个定量的描述，将土体简化为如下的三相比例简图。简图定义了9个物理量。

V——总体积；

V_v——孔隙体积；　V_s——固体颗粒体积；　V_a——气相体积；　V_w——液相水的体积；

m_s——固体颗粒质量；　m_w——液体水的质量；　m_a——气相质量；　m——总质量。

在此9个物理量的基础上定义了9个三相比例指标用来表征土体三相之间的比例关系。

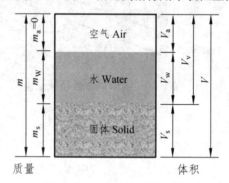

图1.11　三相比例简图

1.3.1 基本试验指标

1. 土的密度 ρ

土的密度指的是土单位体积的质量，用 ρ 来表示。

$$\rho = \frac{m}{V} = \frac{m_s + m_w}{V_s + V_w + V_a} \tag{1.1}$$

单位：kg/m³ 或 g/cm³，一般范围：1.60 ~ 2.20 g/cm³。

相关指标：土的容重 $\gamma = \rho g$；单位 kN/m³。

2. 土粒比重 G_s

土粒比重指的是土粒的密度与 4 °C 时纯蒸馏水密度的比值。

$$G_s = \frac{m_s}{V_s(\rho_w^{4\,°C})} = \frac{\rho_s}{\rho_w^{4\,°C}} \tag{1.2}$$

单位：无量纲。一般范围：黏性土 2.70 ~ 2.75，砂土 2.65。

3. 土的含水量 W

土的含水量是土中水的质量与土粒质量之比，用百分数表示。

$$w(\%) = \frac{m_w}{m_s} = \frac{m - m_s}{m_s} \tag{1.3}$$

单位：无量纲。一般范围：变化范围大。

1.3.2 其他换算指标

1. 孔隙比 e

土中孔隙体积与固体颗粒体积之比，为无量纲。

$$e = V_v / V_s \tag{1.4}$$

2. 孔隙率（孔隙度）n

土中孔隙体积与总体积之比，用百分数表示。

$$n(\%) = V_v / V \tag{1.5}$$

砂类土：28% ~ 35%。黏性土：30% ~ 50%，有的可达 60% ~ 70%。

$$n = \frac{e}{1+e} \tag{1.6}$$

$$e = \frac{n}{1-n} \tag{1.7}$$

3. 饱和度

土中水的体积与孔隙体积的比值；饱和度表示孔隙中充满水的程度：

$$S_r = \frac{V_w}{V_v} \tag{1.8}$$

对干土：$S_r = 0$；对饱和土：$S_r = 1$。

4. 干密度

干密度是土被烘干时的密度。

$$\rho_d = m_s / V \tag{1.9}$$

干容重 $\quad \gamma_d = \rho_d g$

5. 饱和密度

饱和密度是土被饱和时的密度。

$$\rho_{sat} = \frac{m_s + \rho_w V_v}{V} \tag{1.10}$$

饱和容重 $\quad \gamma_{sat} = \rho_{sat} g$

6. 浮容重

$$\gamma' = \gamma_{sat} - \gamma_w \tag{1.11}$$

【复习思考题】

1. 何谓试验指标？何谓换算指标？

2. 九个三相比例指标的工程应用是怎样的？

3. 试验室已有土样 50 kg，含水率 48.2%，而试验试样需要含水率为 12.5%，如何配制？

4. 某干砂试样，$\gamma = 16.9 \text{ kN/m}^3$，$G_s = 2.70$，经受细雨，但体积未变，饱和度达到 $S_r = 40\%$，求经雨后砂土的重度 γ，含水率 w 各为多少？

5. 证明公式：$S_r = \dfrac{G_s w}{e}$；$\gamma' = \gamma_{sat} - \gamma_w$；$e = \dfrac{G_s(1+w)\gamma_w}{\gamma} - 1$

1.4　土的结构

土的结构是指土颗粒或集合体的大小和形状、表面特征、排列形式以及它们之间的连接特征，而构造是指土层的层理、裂隙和大孔隙等宏观特征，亦称宏观结构。

土的结构对土的工程性质影响很大，特别是黏性土，如某些灵敏性黏土在原状结构时具有一定的强度，当结构扰动或重塑时，强度就降低很多，甚至不能再成型。同一种土的原状结构试样与重塑试无侧限抗压强度的比值，称为灵敏度。

1.4.1　土的结构类型

土的结构与土的形成条件密切相关，大体上可分为以下三种主要的类型。

1. 单粒结构

单粒结构是组成砂、砾等粗粒土的基本结构类型，颗粒较粗大，比表面积小，颗粒之间是点接触，几乎没有连接，粒间相互作用的影响较之重力作用的影响可忽略不计，是重力场作用下堆积而成的。因颗粒排列方式不同，故疏密程度也不同，设土粒为均一球体，则最松散的几何排列孔隙比为 0.91，最紧密的排列孔隙比只有 0.35。自然界粗粒土的颗粒大小不一，也非球形，但自然孔隙比一般为 0.35～0.91。松散结构的土在动力作用下会使结构趋于紧密，如果此时孔隙中充满水，则将产生附加孔隙水压力，使砂粒呈悬液状，称为振动液化。单粒结构土的工程性质，除与密实程度有关外，还与颗粒大小、级配、土粒的表面形状及矿物成分类型有关。

2. 片架结构

片架结构的黏粒是在絮凝状态下形成的，亦称絮凝结构。其特点是黏土片以边-面或边-边连接为主，颗粒呈随机排列，性质较均匀，但孔隙较大，对扰动比较敏感。某些饱和黏土在动力作用下会失去强度呈溶胶状，在外力作用停止后又能重新絮凝成土体，这种现象叫触变，具有触变性的土多属于此类结构。

3. 片堆结构

片堆结构的黏粒是在分散状态下沉积而形成的，亦称分散结构。其特点是以面-面连接为主，黏土片呈定向排列，密度较大，具有明显的各向异性的力学性质。实际上自然界土的结构要复杂得多，由黏土片组成的集合体，可大可小，黏土片之间可以是定向排列，也可是随机排列，具有微细的空隙，由集合体相互组构时，集合体之间既可以是定向排列的，也可以是随机排列的，它们之间有较大一些的空隙，反映出结构形式层次上也是有变化的。此外，在黏性土中也会含有一些砂粒和粉粒，它们比黏粒要大得多，在形成土的结构过程中，在这些粗颗粒的周围常包裹着一层黏粒，使粗颗粒之间不是直接接触，土中的黏粒含量即使不占优势，也能反映出黏性土的性质。

1.4.2 灵敏度和触变性

1. 灵敏度

天然状态的黏土都具有一定的结构性，有结构性形成的强度称为结构强度。结构性强度在土的强度中占有很重要的地位。当土体受到扰动时，如开挖、振动、打桩等，结构强度很容易受到破坏，整体强度显著降低，压缩性大大增加。土的结构性对土强度的影响用灵敏度来表示。

灵敏度 S_t 指的是原状土的无侧限抗压强度 q_u 和重塑土的无侧限抗压强度 q_u' 之比，即

$$S_t = \frac{q_u}{q_u'} \tag{1.12}$$

工程中根据灵敏度的大小，将土性划分为以下几种。

表 1.1　土体灵敏度划分

黏性土	不灵敏	低灵敏	中等灵敏
S_r	$S_t \leqslant 1.0$	$1.0 < S_t \leqslant 2.0$	$2.0 < S_t \leqslant 4.0$
黏性土	灵敏	高灵敏	流动
S_r	$4.0 < S_t \leqslant 8.0$	$8.0 < S_t \leqslant 16.0$	$S_t \geqslant 16.0$

灵敏度的概念在工程上主要用于饱和、近饱和的黏性土。饱和黏性土，灵敏度很高。沿海新近沉积的淤泥、淤泥质土，灵敏度极高，其值可达几十甚至更大。对于中、高灵敏度的黏土，要特别注意避免扰动和保护基坑，否则，土的物理、力学性质指标变化极大，对工程不利。

2. 触变性

与灵敏度相关的另一概念是土体触变性。饱和及近饱和的黏性土、粉土，本来处于可塑状态，当受到扰动如振动、打桩等，土的结构受到破坏，强度显著降低，物理状态会变成流动状态。其中的自由水产生流动，部分弱结合水在振动作用下也会脱离土颗粒而成为自由水析出。但在扰动作用停止后，经过一段时间，土颗粒和水分子及离子会重新组合排列，形成新的结构，又可以逐步恢复原来的强度和物理状态。黏性土的水-土系统在含水率和密度不变的条件下，上述的状态变化及可逆性属于胶体化学特性，在工程上称为土体的触变性。土的触变性是土结构中联结形态发生变化引起的，是土结构随时间变化的宏观表现。

目前尚没有合理的描述土触变性的方法和指标。

【复习思考题】

1. 何谓土的结构性，它对土的工程特性有何影响？
2. 何谓灵敏度？工程中对于灵敏度高的土如何处理？
3. 何谓土的触变性？

1.5　土的物理状态表征

工程中无黏性土的物理状态表现为密实程度，越密实，一般工程特性越好；而黏性土的物理状态则表现为稠度，及软硬程度，越软工程特性越差。

1.5.1　无黏性土的密实度

密实度通常指单位体积中固体颗粒含量的多少。土颗粒含量多，土就密实；反之土就疏松。从这一角度分析，在上述三相比例指标中，干重度和孔隙比都是表示土的密实度的指标。但此两种指标有其缺点，主要是表示方法没有考虑到粒径级配这一重要因素的影响。

工程上为了更好地表示粗粒土（无黏性土）所处的松密状态，采用将现场土的孔隙比 e 与该种土所能达到最密时的孔隙比和最松时的孔隙比相对比表示其密实程度，该指标称为相对密实度 D_r：

$$D_r = \frac{e_{max} - e}{e_{max} - e_{min}} \qquad (1.13)$$

其中　　e_{max} ——最大孔隙比；

e_{min} ——最小孔隙比。

最大孔隙比可以将松散的风干土样通过长颈漏斗轻轻地倒入容器，避免重力冲击，求得土的最小干密度再经换算得到最大孔隙比；最小孔隙比是将松散的风干土样装入金属容器内，按规定方法振动和锤击，直至密度不再提高，求得土的最大干密度再经换算得到最小孔隙比。

理论上的最大与最小孔隙比在室内的测定有时很困难。

$$D_r = 0 \qquad\qquad 最松状态$$
$$D_r > 1/3 \qquad\qquad 疏松状态$$
$$1/3 < D_r < 2/3 \qquad\qquad 中密状态$$
$$D_r > 2/3 \qquad\qquad 密实状态$$
$$D_r = 1 \qquad\qquad 最密状态$$

相对密实度指标主要用于人工填土，对天然砂土层采用原位标准贯入试验法测定。

1.5.2　黏性土的稠度

黏性土的稠度状态与含水量有关。随着含水量的增加，黏性土逐渐由较硬变软，即土体要经历不同的物理状态。当含水量很大时，土是一种黏滞流动的液体即泥浆，称为流动状态；随着含水量逐渐减少，黏滞流动的特点渐渐消失而显示出塑性（所谓塑性就是指可以塑成任何形状而不发生裂缝，并在外力解除以后能保持已有的形状而不恢复原状的性质），称为可塑状态；当含水量继续减少时，则发现土的可塑性逐渐消失，从可塑状态变为半固体状态。如果同时测定含水量减少过程中的体积变化，则可发现土的体积随着含水量的减少而减小，但当含水量很小的时候，土的体积却不再随含水量的减少而减小了，这种状态称为固体状态。

黏性土从一种状态变到另一种状态的含水量分界点称为界限含水量。流动状态与可塑状态间的分界含水量称为液限 w_L；可塑状态与半固体状态间的分界含水量称为塑限 w_p；半固体状态与固体状态间的分界含水量称为缩限 w_s。

塑限 w_p 是用搓条法测定的。把塑性状态的土在毛玻璃板上用手搓条，在缓慢的、单方向的搓动过程中土膏内的水分渐渐蒸发，如搓到土条的直径为 3 mm 左右时断裂为若干段，则此时的含水量即为塑限 w_p。详细的试验操作步骤请查阅滚搓法塑限试验的内容。

液限 w_L 可采用平衡锥式液限仪测定。平衡锥重为 76 g，锥角为 30°。试验时使平衡锥在自重作用下沉入土膏，当 15 s 内正好沉入深度 10 mm 时的含水量即为液限。

不同的黏土，w_p，w_L 大小不同；对于不同的黏土，含水量相同，稠度可能不同。

1. 液性指数

液性指数是表征土的含水量与分界含水量之间相对关系的指标。对重塑土较为合适。

$$I_L = \frac{w - w_p}{w_L - w_p} \qquad (1.14)$$

可塑状态的土的液性指数在 0 到 1 之间，液性指数越大，表示土越软；液性指数大于 1 的土处于流动状态；小于 0 的土则处于固体状态或半固体状态。

黏性土的状态可根据液性指数 I_L 分为坚硬、硬塑、可塑、软塑和流塑，见表 1.2 所示。

表 1.2　黏性土物理状态分类

$I_L \leqslant 0$	$0 < I_L \leqslant 0.25$	$0.25 < I_L \leqslant 0.75$	$0.75 < I_L \leqslant 1.0$	$1.0 < I_L$
坚硬	硬塑	可塑	软塑	流塑

2. 塑性指数

可塑性是粘性土区别于砂土的重要特征。可塑性的大小用土处在塑性状态的含水量变化范围来衡量，从液限到塑限含水量的变化范围愈大，土的可塑性愈好。这个范围称为塑性指数 I_p。

$$I_p = w_L - w_p \qquad (1.15)$$

塑性指数反映吸附结合水的能力，即黏性大小，大体上表示土的弱结合水含量，亦即大致反映黏土颗粒含量，常作为细粒土工程分类的依据。

【复习思考题】

1. 何谓液性指数？何谓塑性指数？简述二者的工程应用。

2. 何谓相对密实度？其与孔隙比、干密度评价无黏性土的密实程度的异同点。

1.6　土的分类标准和地基土的工程分类

自然界中土的种类很多，工程性质各异。为了便于调查研究，便于分析评价；便于交流，需要按其主要特征进行分类。

当前，国内使用的土名和土的分类方法并不统一。各个工程部门使用各自制定的规范，各规范中土的分类标准不完全一样。国际上的情况同样如此。各个国家有自己的一套或几套规定。存在这种情况有主观和客观的原因。一方面各种土的性质复杂多变，差别很大，但这些差别又都是渐变的。要用比较简单的特征指标进行划分是难以做到的。此外，有些部门侧重于利用土的作为建筑物地基，有些部门侧重于利用土作为修筑土工结构的材料；另一些部门又侧重于利用土作为周围介质在土中修建地下结构物。由于各个部门对土的某些工程性质的重视程度和要求不完全相同，制定分类标准时的着眼点也就不同。加上长期的经验和习惯，很难使大家取得一致的看法和主张。下面是几个行业的土性分类。

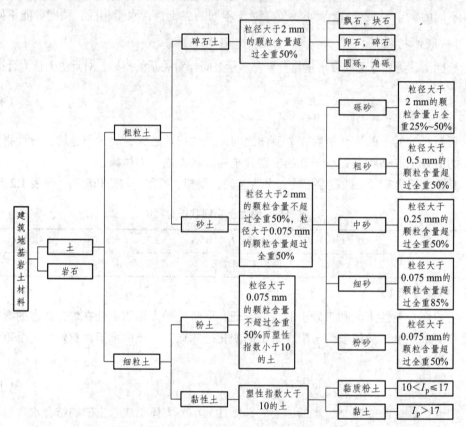

图 1.12 《建筑地基基础设计规范》（GB5007—2011）分类法

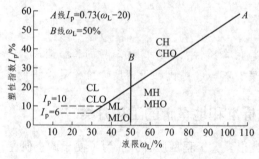

图 1.13

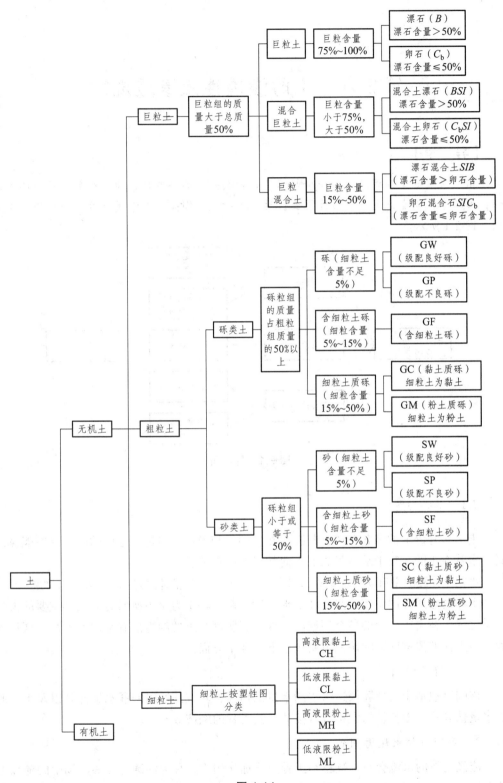

图 1.14

第2章 土的渗透性及渗透规律

【导　学】

本章共有3个知识点：第一个知识点是什么是土的渗透性，为什么要研究土的渗透性；第二个知识点是土的渗透性规律；第三个知识点即是土的渗透性的工程应用。导学图如图2.1所示。

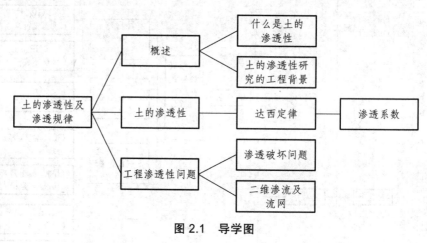

图 2.1　导学图

2.1　概　述

土是一种碎散的多孔介质，其孔隙在空间互相连通。当饱和土中的两点存在能量差时，水就在土的孔隙中从能量高的点向能量低的点流动。

水在土体孔隙中流动的现象称为渗流。土具有被水等液体透过的性质称为土的渗透性。

土体的渗透性同土体的强度和变形特性一起，是土力学中所研究的几个主要的力学性质之一。在岩土工程的各个领域内，许多课题都与土的渗透性有密切的关系。概括来说，对土体的渗透问题的研究主要包括下述4个方面：

1. 渗流量问题

该问题包括土石坝和渠道渗水漏水量的估算，基坑开挖时的涌水量计算以及水井的供水量估算等。渗流量的大小将直接关系到工程的经济效益。

2. 渗透力和水压力问题

流经土体的水流会对土颗粒和土骨架施加作用力，称为渗透力。渗流场中的饱和土体和结构物会受到水压力的作用，在土工建筑物和地下结构物的设计中，正确地确定上

018

述作用力的大小是十分必要的。当对这些土工建筑物和地下结构物进行变形或稳定性计算分析时，需要首先确定这些渗透力和水压力的大小和分布。

3. 渗透变形（或渗透稳定）问题

当渗透力过大时可引起土颗粒或土骨架的移动，从而造成土工建筑物及地基产生渗透变形，如地面隆起、细颗粒被水带出等现象。渗透变形问题直接关系到建筑物的安全，它是水工建筑物、基坑和地基发生破坏的重要原因之一。统计资料表明，土石坝失事总数中，各种形式的渗透变形导致失事的占 1/4 ~ 1/3。

4. 渗流控制问题

当渗流量和渗流变形不满足设计要求时，要采用工程措施加以控制，称为渗流控制。

【复习思考题】

1. 为何要了解土的渗透性？
2. 土的渗透性的研究对象是什么？其特点是怎样的？
3. 工程中涉及土体渗透性工程问题有哪些？

2.2　土的渗透性及渗透规律

2.2.1　土体的渗透性

实际土体中的渗流仅是流经土粒间的孔隙，由于土体孔隙的形状、大小及分布极为复杂，导致渗流水质点的运动轨迹很不规则，如图 2.2（a）所示。考虑到实际工程中并不需要了解具体孔隙中的渗流情况，可以对渗流作出如下两方面的简化：一是不考虑渗流路径的迂回曲折，只分析它的主要流向；二是不考虑土体中颗粒的影响，认为孔隙和土粒所占的空间之总和均为渗流所充满。作了这种简化后的渗流其实只是一种假想的土体渗流，称之为渗流模型，如图 2.2（b）所示。为了使渗流模型在渗流特性上与真实的渗流相一致，它还应该符合以下要求：

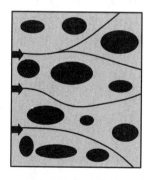
（a）水在土孔隙中的运动

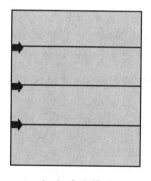
（b）渗流模型

图 2.2

（1）在同一过水断面，渗流模型的流量等于真实渗流的流量。

（2）在任意截面上，渗流模型的压力与真实渗流的压力相等。

（3）在相同体积内，渗流模型所受到的阻力与真实渗流所受到的阻力相等。

2.2.2 土体的渗透定律——达西定律

1856 年达西（Darcy）在研究城市供水问题时进行的渗流试验。其试验装置如下图所示。

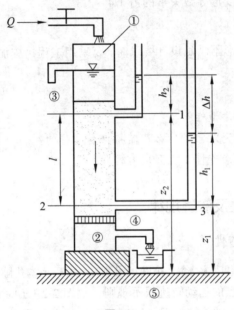

图 2.3

装置中的①是横截面积为 A 的直立圆筒，其上端开口，在圆筒侧壁装有两支相距为 l 的侧压管。筒底以上一定距离处装一滤板②，滤板上填放颗粒均匀的砂土。水由上端注入圆筒，多余的水从溢水管③溢出，使筒内的水位维持一个恒定值。渗透过砂层的水从短水管④流入量杯⑤中，并以此来计算渗流量 q。设 Δt 时间内流入量杯的水体体积为 ΔV，则渗流量为 $q = \Delta V / \Delta t$。同时读取断面 1—1 和段面 2—2 处的侧压管水头值 h_1，h_2，Δh 为两断面之间的水头损失。

达西分析了大量实验资料，发现土中渗透的渗流量 q 与圆筒断面积 A 及水头损失 Δh 成正比，与断面间距 l 成反比，即

$$q = kA\frac{\Delta h}{l} = kAi \tag{2-1}$$

或

$$v = \frac{q}{A} = ki \tag{2-2}$$

其中 k 称作渗透系数，反映土的透水性能的比例系数，其物理意义为水力梯度 $i=1$ 时的渗流速度，单位：cm/s，m/s，m/day。

式中 $i=\Delta h/l$，称为水力梯度，也称水力坡降；k 为渗透系数，其值等于水力梯度为 l 时水的渗透速度，cm/s。

2.2.3　对达西定律的认识

达西定律描述了土中水在孔隙中流动的规律，即流动速度一方面与土性有关，另一方面与水力梯度成正比。为了对达西定律作进一步的学习，以便于更好的工程应用，特从以下几个方面深入认识。

1. 渗流速度 v

渗流速度 v 指的是土体试样全断面的平均渗流速度，也称假想渗流速度，因为它假定水在土中的渗流是通过整个土体截面进行的，而实际上，渗流水仅仅通过土体中的孔隙流动。因此，达西定律中的渗流速度并不是实际的流速，它与实际流速之间的关系为：

$$v < v_r = \frac{v}{n} \tag{2-3}$$

其中，v_r 为实际平均流速，孔隙断面的平均流速。

2. 渗透系数 k

渗透系数 k 是代表土渗透性强弱的定量指标，也是进行渗流计算时必须用到的一个基本参数。不同种类的土，k 值差别很大。

1）渗透系数的影响因素

粒径大小与级配是土中孔隙直径大小的主要影响因素。因由粗颗粒形成的大孔隙可被细颗粒充填，故土体孔隙的大小一般由细颗粒所控制。因此，土的渗透系数常用有效粒径 d_{10} 来表示，如哈臣公式：$k = c \cdot d_{10}^2$。

孔隙比是单位土体中孔隙体积的直接度量；对于砂性土，常建立孔隙比 e 与渗透系数 k 之间的关系，如：

$$k = f(e^2)$$

$$k = f\left(\frac{e^2}{1+e}\right)$$

$$k = f\left(\frac{e^3}{1+e}\right)$$

矿物成分对黏性土，影响颗粒的表面力，不同黏土矿物之间渗透系数相差极大，其渗透性大小的次序为高岭石 > 伊里石 > 蒙脱石；当黏土中含有可交换的钠离子越多时，其渗透性将越低；塑性指数 I_p 综合反映土的颗粒大小和矿物成分，常是渗透系数的参数。

结构影响孔隙系统的构成和方向性，对黏性土影响更大；在宏观构造上，天然沉积层状黏性土层，扁平状黏土颗粒常呈水平排列，常使得水平向渗透系数大于垂直向渗透系数；在微观结构上，当孔隙比相同时，凝聚结构将比分散结构具有更大的透水性。

饱和度（含气量）对渗透系数的影响在于封闭气的影响很大，可减少有效渗透面积，还可以堵塞孔隙的通道。

水的动力黏滞系数对渗透系数也有影响，温度高，水黏滞性大，渗透系数 k 变小。

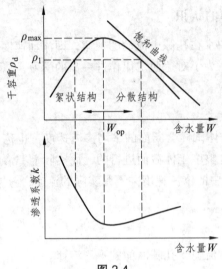

图 2.4

2）渗透系数的测定方法

如前所述，渗透系数 k 是代表土渗透性强弱的定量指标，也是进行渗流计算时必须用到的一个基本参数。不同种类的土，k 值差别很大。因此，准确地测定土的渗透系数是一项十分重要的工作。渗透系数的测定方法主要分实验室测定和野外现场测定两大类。

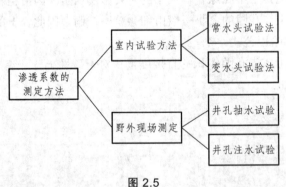

图 2.5

（1）常水头试验法

常水头试验法的试验装置如下图所示，适用于透水性较大的砂性土。试验时将高度为 L，横截面积为 A 的试样装入垂直放置的圆筒中，从土样的上端注入与现场温度完全相同的水，并用溢水口使水头保持不变。土样在不变的水头差 Δh 作用下产生渗流，当渗流达到稳定后，量得时间 t 内流经试样的水量为 Q，而土样渗流流量 $q = Q/t$，根据式（2.1）可求得：

$$k = \frac{q \cdot l}{A \cdot \Delta h} = \frac{Q \cdot l}{A \cdot \Delta h \cdot t} \qquad\qquad (2.4)$$

（2）变水头试验法

变水头试验装置如下图所示，适用于透水性较小的黏性土。试验过程中，Δh 变化；A，a，L 是常数；试验时可以量测 t 时间内的水头 h，则

在 t $t+dt$ 时段内：

入流量：$dVe = -a dh$

出流量：$dVo = kiA dt = k\,(\Delta h / L) A dt$

连续性条件：$dVe = dVo$

$$-a dh = k(\Delta h / L) A dt$$

$$dt = -\frac{aL}{kA}\frac{dh}{\Delta h}$$

$$\int_0^t dt = -\frac{aL}{kA} \int_{\Delta h_1}^{\Delta h_2} \frac{dh}{\Delta h}$$

$$t = \frac{aL}{kA} \ln \frac{\Delta h_1}{\Delta h_2}$$

$$k = \frac{aL}{At} \ln \frac{\Delta h_1}{\Delta h_2}$$

选择几组量测结果，计算相应的 k，取平均值。

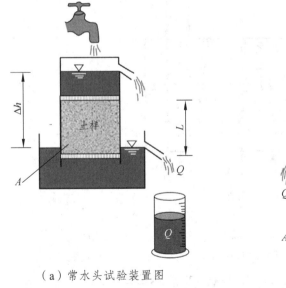

（a）常水头试验装置图　　　　（b）变水头试验装置图

图 2.6　渗透试验装置图

3）层状地基渗透系数的计算

天然土层所示层状体系，每一层的渗透系数不同，而工程中往往需要一个"整体"

的渗透系数。所以可以根据渗透方向确定一个等效渗透系数。

（1）层状地基的水平等效渗透系数

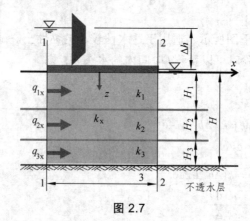

图 2.7

已知条件：$i_i = i = \dfrac{\Delta h}{L}$；$H = \sum H_i$

达西定律：$q_x = v_x H = k_x i H$；$\sum q_{ix} = \sum k_i i_i H_i$

等效条件：$q_x = \sum q_{ix}$

等效渗透系数：$k_x = \dfrac{1}{H} \sum k_i H_i$

（2）层状地基的垂直等效渗透系数

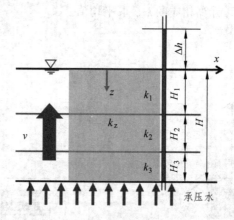

图 2.8

已知条件：$v_i = v$；$\Delta h = \sum \Delta h_i$；$H = \sum H_i$

达西定律：$v_i = k_i(\Delta h_i / H_i)$；$v = kz(\Delta h / H)$

等效条件：$\Delta h_i = \dfrac{v_i H_i}{k_i}$；$\Delta h = \dfrac{vH}{k_z}$；$\dfrac{vH}{k_z} = \Delta h = \sum h_i = \sum \dfrac{v_i H_i}{k_i}$

等效渗透系数：$k_z = \dfrac{H}{\sum \dfrac{H_i}{k_i}}$

（3）对水力坡降的理解

从水力学中得知，能量是水体发生流动的驱动力，按照伯努利方程，流场中单位重量的水体所具有的能量可用水头表示，包括如下的3个部分：

位置水头：到基准面的竖直距离，代表单位重量的液体从基准面算起所具有的位置势能。

压力水头：水压力所能引起的自由水面的升高，表示单位重量液体所具有的压力势能。

测管水头：测管水面到基准面的垂直距离，等于位置水头和压力水头之和，表示单位重量液体的总势能。在静止液体中各点的测管水头相等。

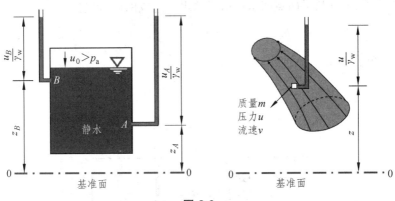

图 2.9

位置势能：mgz

压力势能：$mg \cdot \dfrac{u}{\gamma_w}$

动能：$\dfrac{1}{2}mv^2$

总能量：$E = mgz + mg \cdot \dfrac{u}{\gamma_w} + \dfrac{1}{2}mv^2$

所以，单位重量水流的能量 $h = z + \dfrac{u}{\gamma_w} + \dfrac{v^2}{2g}$，$h$ 称为总水头，是水流动的驱动力。

总水头：单位重量水体所具有的能量 $h = z + \dfrac{u}{\gamma_w} + \dfrac{v^2}{2g}$

其中　z——位置水头，是水体的位置势能，任选基准面后，该点到基准面的距离即为其位置水头；

u/γ_w——压力水头，水体的压力势能，u 是孔隙水压力；

$v^2/2g$——水体的动能，对于渗流 $v = 0$。

所以，对于渗流中的总水头为：

$$h = z + \frac{u}{\gamma_w}$$

也称测管水头，是渗流的总驱动能，渗流总是从水头高处流向水头低处。

如下图所示

A 点总水头为：

$$h_A = z_A + \frac{u_A}{\gamma_w}$$

B 点总水头为：

$$h_B = z_B + \frac{u_B}{\gamma_w}$$

则二点总水头差 Δh 反映了两点间水流由于摩阻力造成的能量损失

$$\Delta h = h_A - h_B$$

水力梯度 i 是单位渗流长度上的水头损失，即：

$$i = \frac{\Delta h}{L}$$

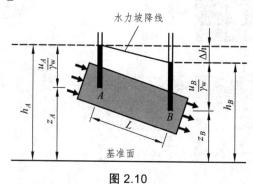

图 2.10

4）达西定律的实用范围

适用条件：层流（线性流动）

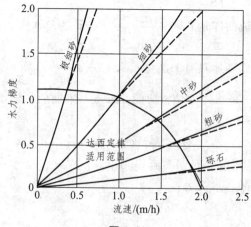

图 2.11

岩土工程中的绝大多数渗流问题，包括砂土或一般黏土，均属层流范围。

在粗粒土孔隙中，水流形态可能会随流速增大呈紊流状态，渗流不再服从达西定律。可用雷诺数进行判断。

在纯砾以上的很粗的粗粒土如堆石体中，在水力梯度较大时，达西定律不再适用，此时：

$$v = ki^m (m < 1)$$

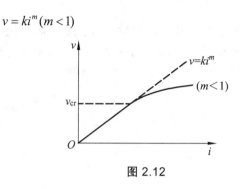

图 2.12

对致密的黏性土，存在起始水力坡降 i_0；$i > i_0$，$v = k(i - i_0)$。

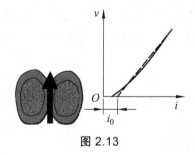

图 2.13

【复习思考题】

1. 何谓达西定律？在砂土中和黏性土中如何表示？
2. 达西定律的适用条件是什么？
3. 常水头法测渗透系数的原理是什么？
4. 变水头法测渗透系数的原理是什么？
5. 渗流产生的条件是什么？
6. 影响渗透系数的因素有哪些？各自是如何影响的？

2.3 渗透力与渗透变形

2.3.1 渗透力

水在土中流动的过程中将受到土阻力的作用，使水头逐渐损失。同时，水的渗透将对土骨架产生拖曳力，导致土体中的应力与变形发生变化。这种渗透水流作用对土骨架产生的拖曳力称为渗透力。

在许多水工建筑物、土坝及基坑工程中，渗透力的大小是影响工程安全的重要因素之一。实际工程中，也有过不少发生渗透变形（流土或管涌）的事例，严重的使工程施工中断，甚至危及邻近建筑物与设施的安全。因此，在进行工程设计与施工时，对渗透力可能给地基土稳定性带来的不良后果应该具有足够的重视。

2.3.2 渗透力的计算

一般情况下，渗透力的大小与计算点的位置有关。根据对渗流流网中网格单元的孔隙水压力和土粒间作用力的分析，可以得出渗流时单位体积内土粒受到的单位渗透力为：

$$j = \gamma_{w} i$$

其中 γ_{w}——水的重度；

j——水力坡降。

1. 渗透变形

土工建筑物及地基由于渗流作用而出现的变形或破坏称为渗透变形或渗透破坏。渗透变形是土工建筑物发生破坏的常见类型。渗透变形主要有两种形式，即流土与管涌。渗流水流将整个土体带走的现象称为流土；渗流中土体大颗粒之间的小颗粒被冲出的现象称为管涌。

1）流　土

在向上的渗透作用下，表层局部范围内的土体或颗粒群同时发生悬浮、移动的现象。任何类型的土，只要水力坡降达到一定的大小，都可发生流土破坏，土体开始发生流土破坏时的水力坡降称为临界水力坡降，用 i_{cr} 表示：

$$i_{cr} = \frac{\gamma'}{\gamma_{w}}$$

式中 γ'——土的浮重度。

由于 $\gamma' = \dfrac{(G_{s}-1)\gamma_{w}}{1+e}$，$i_{cr} = \dfrac{G_{s}-1}{1+e}$

2）管　涌

在渗流作用下，一定级配的无黏性土中的细小颗粒，通过较大颗粒所形成的孔隙发生移动，最终在土中形成与地表贯通的管道。管涌产生的原因有内因和外因。内因是有足够多的粗颗粒形成大于细粒直径的孔隙。外因是渗透力足够大 。

【复习思考题】

1. 何谓渗透力？其大小等于多少？方向如何？作用对象是什么？

2. 流土产生的条件是什么？如何防止流土产生？

3. 管涌产生的条件是什么？如何防止管涌产生？

2.4 二维渗流及流网

在实际工程中，经常遇到的是边界条件较为复杂的二维或三维问题，在这类渗流问题中，渗流场中各点的渗流速度 v 与水力梯度 i 等均是位置坐标的二维或三维函数。对此必须首先建立它们的渗流微分方程，然后结合渗流边界条件与初始条件求解。

工程中涉及渗流问题的常见构筑物有坝基、闸基及带挡墙（或板桩）的基坑等。这类构筑物有一个共同的特点是轴线长度远大于其横向尺寸，因而可以认为渗流仅发生在横断面内（严格地说，只有当轴向长度为无限长时才能成立）。因此对这类问题只要研究任一横断面的渗流特性，也就掌握了整个渗流场的渗流情况。如取 xOz 平面与横断面重合，则渗流的速度 v 等即是点的位置坐标 x，z 的二元函数，这种渗流称为二维渗流或平面渗流。

在实际工程中，渗流问题的边界条件往往比较复杂，其严密的解析解一般都很难求得。因此对渗流问题的求解除采用解析解法外，还有数值解法、图解法和模型试验法等，其中最常用的是图解法即流网解法。

2.4.1 流网的绘制

1. 流网的绘制

流网的绘制方法大致有三种：一种是解析法，即用解析的方法求出流速势函数及流函数，再令其函数等于一系列的常数，就可以描绘出一簇流线和等势线。第二种方法是实验法，常用的有水电比拟法。此方法利用水流与电流在数学上和物理上的相似性，通过测绘相似几何边界电场中的等电位线，获取渗流的等势线与流线，再根据流网性质补绘出流网。第三种方法是近似作图法，也称手描法，系根据流网性质和确定的边界条件，用作图方法逐步近似画出流线和等势线。在上述方法中，解析法虽然严密，但数学上求解还存在较大困难。实验方法在操作上比较复杂，不易在工程中推广应用。目前常用的方法还是近似作图法，故下面主要对这一方法作一些介绍。

近似作图法的步骤大致为：先按流动趋势画出流线，然后根据流网正交性画出等势线，形成流网。如发现所画的流网不成曲边正方形时，需反复修改等势线和流线直至满足要求。

如图 2.14 为一带板桩的溢流坝，其流网可按如下步骤绘出：

（1）首先将建筑物及土层剖面按一定的比例绘出，并根据渗流区的边界，确定边界线及边界等势线。

如图中的上游透水边界 AB 是一条等势线，其上各点水头高度均为 h_1，下游透水边界也是一等势线，其上各点水头高度均为 h_2。坝基的地下轮廓线 B—1—2—3—4—5—6—7—8—C 为一条流线，渗流区边界 EF 为另一条边界流线。

（2）根据流网特性，初步绘出流网形态。

可先按上下边界流线形态大致描绘几条流线，描绘时注意中间流线的形状由坝基轮廓线形状逐步变为不透水层面 EF 相接近。中间流线数量越多，流网越准确，但绘制与

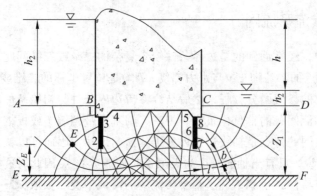

图 2.14　溢流坝的渗流流网

修改工作量也越大，中间流线的数量应视工程的重要性而定，一般中间流线可绘 3 ~ 4 条。流线绘好后，根据曲边正方形网格要求，描绘等势线。绘制时应注意等势线与上、下边界流线应保持垂直，并且等势线与流线都应是光滑的曲线。

（3）逐步修改流网。

初绘的流网，可以加绘网格的对角线来检验其正确性。如果每一网格的对角线都正交，且成正方形，则流网是正确的，否则应作进一步修改。但是，由于边界通常是不规则的，在形状突变处，很难保证网格为正方形，有时甚至成为三角形或五角形。对此应从整个流网来分析，只要绝大多数网格满足流网特征，个别网格不符合要求，对计算结果影响不大。

流网的修改过程是一项细致的工作，常常是改变一个网格便带来整个流网图的变化。因此只有通过反复的实践演练，才能做到快速正确地绘制流网。

2. 流网的工程应用

1）渗流速度计算

如图 2.14，计算渗流区中某一网格内的渗流速度，可先从流网图中量出该网格的流线长度 l。根据流网的特性，在任意两条等势线之间的水头损失相等，设流网中的等势线的数量为 n（包括边界等势线），上下游总水头差为 h，则任意两等势线间的水头差为：

$$\Delta h = \frac{h}{n-1} \tag{2-5}$$

而所求网格内的渗透速度为：

$$v = k \cdot i = k \cdot \frac{\Delta h}{l} = \frac{kh}{(n-1)l} \tag{2-6}$$

2）渗流量计算

由于任意两相邻流线间的单位渗流量相等，设整个流网的流线数量为 m（包括边界流线），则单位宽度内总的渗流量 q 为：

$$q = (m-1) \cdot \Delta q$$

式中，Δq 为任意两相邻流线间的单位渗流量，q、Δq 的单位均为 $\mathrm{m^3/(d \cdot m)}$。其值可根据某一网格的渗透速度及网格的过水断面宽度求得，设网格的过水断面宽度（即相邻两条流线的间距）为 b，网格的渗透速度为 v，则

$$\Delta q = v \cdot b = \frac{kh}{(n-1)l} \cdot b$$

而单位宽度内的总渗流量 q 为：

$$q = \frac{kh(m-1)}{(n-1)} \cdot \frac{b}{l}$$

【复习思考题】

1. 流网的作图原理是什么？

2. 应用流网可计算哪些参量？各自是如何计算的？

第 3 章 土中应力分析

【导 学】

应力，指的是土体在荷载作用下在其内部产生的内应力，所以土中应力分析的思路为：首先要了解外荷载的情况，其次分析在不同外荷载作用下土体内部应力的计算方法。故该章节的主要内容分为两个大块儿，一是自重应力的计算，二是附加应力的计算。

该章节学习的易混淆点是自重应力状态和附加应力状态的区别及特点。

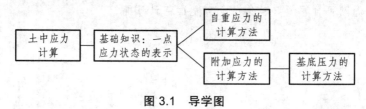

图 3.1　导学图

3.1　一点应力状态的表示方法

研究土中应力的计算，首先要了解力学分析中物体内一点应力的表示方法。

3.1.1　应力张量表示法

在材料力学中，空间中一点的应力表示，可以先建立空间直角坐标系，如下图所示。过该点取一无限小的立方体单元体。作用在单元体 6 个面上的应力分量为 3 个正应力分量 σ_x，σ_y，σ_z 和 6 个剪应力分量 τ_{xy}，τ_{yx}，τ_{xz}，τ_{zx}，τ_{zy}，τ_{yz}。为了和下面土体中的应力方向规定相同。这里也规定对于正应力以压为正，反之为负；剪应力的正负号规定是在与坐标轴一致的正面上，方向与坐标轴方向相反为正，反之为负。由单元体的力矩平衡，可知 $\tau_{xy} = \tau_{yx}$，$\tau_{xz} = \tau_{zx}$，$\tau_{yz} = \tau_{zy}$。

故单元体的应力状态可由 6 个应力分量表示，即该点的应力状态可由这 6 个应力分量表示。6 个应力分量的大小不仅与受力状态有关，还与坐标轴的方向有关，这种随坐标轴的变换按一定规律变化的量称为应力张量，应力张量可以表示为 σ_{ij}（i，j 分别取 x，y）。

$$\sigma_{ij} = \begin{bmatrix} \sigma_{xx} & \sigma_{xy} & \sigma_{xz} \\ \sigma_{yx} & \sigma_{yy} & \sigma_{yz} \\ \sigma_{zx} & \sigma_{zy} & \sigma_{zz} \end{bmatrix} = \begin{bmatrix} \sigma_x & \tau_{xy} & \tau_{xz} \\ \tau_{yz} & \sigma_y & \tau_{yz} \\ \tau_{zx} & \sigma\tau_{zy} & \sigma_z \end{bmatrix} \tag{3-1}$$

应力张量 σ_{ij} 描绘了一点处的应力状态，即只要知道了一点的应力张量 σ_{ij}，就可以应用力的平衡方程确定通过该点的各微分面上的应力。

该种表示方法表达的前提是建立直角坐标系，若改变坐标系的方向，则应力分量也在改变。实际上一点的受力状态确定后，应力状态应是确定的，但由于表示方法的前提是建立直角坐标系，所以应力表达会出现随着坐标的变换而变化。这也是该种应力表示方法的缺点。

3.1.2　应力球张量和应力偏张量的表示法

一点的应力状态中，如若取 σ_m 为平均法向应力，即：

$$\sigma_m = \frac{1}{3}(\sigma_x + \sigma_y + \sigma_z) \tag{3-2}$$

则应力张量 σ_{ij} 可以写为：

$$\sigma_{ij} = \begin{bmatrix} \sigma_x & \tau_{xy} & \tau_{xz} \\ \tau_{yz} & \sigma_y & \tau_{yz} \\ \tau_{zx} & \sigma\tau_{zy} & \sigma_z \end{bmatrix} = \begin{bmatrix} \sigma_m & 0 & 0 \\ 0 & \sigma_m & 0 \\ 0 & 0 & \sigma_m \end{bmatrix} + \begin{bmatrix} \sigma_x - \sigma_m & \tau_{xy} & \tau_{xz} \\ \tau_{yx} & \sigma_y - \sigma_m & \tau_{yz} \\ \tau_{zx} & \sigma\tau_{zy} & \sigma_z - \sigma_m \end{bmatrix}$$

其中第一个张量称为应力球张量；第二个张量成为应力偏张量，即应力球张量可以写成：

$$\sigma_m \delta_{ij} = \begin{bmatrix} \sigma_m & 0 & 0 \\ 0 & \sigma_m & 0 \\ 0 & 0 & \sigma_m \end{bmatrix} \tag{3-3}$$

其中：$\delta_{ij} = \begin{cases} 1 & \text{当 } i = j \\ 0 & \text{当 } i \neq j \end{cases}$，称为克朗内克符号。

应力偏张量可以表示为：

$$s_{ij} = \sigma_{ij} - \sigma_m \delta_{ij} = \begin{bmatrix} \sigma_x - \sigma_m & \tau_{xy} & \tau_{xz} \\ \tau_{yx} & \sigma_y - \sigma_m & \tau_{yz} \\ \tau_{zx} & \sigma\tau_{zy} & \sigma_z - \sigma_m \end{bmatrix} = \begin{bmatrix} s_x & s_{xy} & s_{xz} \\ s_{yx} & s_y & s_{yz} \\ s_{zx} & s_{zy} & s_z \end{bmatrix}$$

3.1.3　应力不变量表示法

从上面的分析可以看出，代表一点应力状态的这个单元体，在其每个面上都有正应力与剪应力，若转变坐标轴的方向，应力张量随之变化。如上图所示的单元体，可以转变坐标轴的方向，使得每个面上只有正应力，没有剪应力，这样的三个面称为主平面，主平面上的正应力称为主应力。设主平面的方向余弦分别为 l, m, n；根据向量的运算可以求出主应力和主应力方向，即：

$$\left.\begin{array}{l} \sigma_x l + \tau_{xy} m + \tau_{xz} n = \sigma l \\ \tau_{yx} l + \sigma_y m + \tau_{yz} n = \sigma m \\ \tau_{zx} l + \tau_{zy} m + \sigma_z n = \sigma n \end{array}\right\} \tag{3-4}$$

把上式改写为

$$\left.\begin{array}{l} (\sigma_x - \sigma) l + \tau_{xy} m + \tau_{xz} n = 0 \\ \tau_{yx} l + (\sigma_y - \sigma) m + \tau_{yz} n = 0 \\ \tau_{zx} l + \tau_{zy} m + (\sigma_z - \sigma) n = 0 \end{array}\right\} \tag{3-5}$$

这三个联立的线性方程组对 l, m, n 是齐次的，要得到非零解，由克莱姆法则，系数行列式必须为零，即：

$$\begin{vmatrix} (\sigma_x - \sigma) & \tau_{xy} & \tau_{xz} \\ \tau_{yx} & \sigma_y - \sigma & \tau_{yz} \\ \tau_{zx} & \tau_{zy} & \sigma_z - \sigma \end{vmatrix} = 0 \tag{3-6}$$

展开上式得特征方程：

$$\sigma^3 - I_1 \sigma^2 + I_2 \sigma - I_3 = 0 \tag{3-7}$$

此一元三次方程，三个根分别是三个主应力 σ_1，σ_2，σ_3。

公式中：
$$I_1 = \sigma_x + \sigma_y + \sigma_z$$
$$I_2 = \sigma_x \sigma_y + \sigma_y \sigma_z + \sigma_z \sigma_x - \tau_{xy}^2 - \tau_{yz}^2 - \tau_{zx}^2$$
$$I_3 = \sigma_x \sigma_y \sigma_z + 2\tau_{xy} \tau_{yz} \tau_{zx} - \sigma_x \tau_{yz}^2 - \sigma_y \tau_{zx}^2 - \sigma_z \tau_{xy}^2$$

I_1, I_2, I_3 是这个一元三次方程的系数，根据方程根与系数的关系，换可以求得：

$$I_1 = \sigma_1 + \sigma_2 + \sigma_3$$
$$I_2 = \sigma_1 \sigma_2 + \sigma_2 \sigma_3 + \sigma_3 \sigma_1$$
$$I_3 = \sigma_1 \sigma_2 \sigma_3$$

上面的一元三次方程不论坐标系如何建立导出的方程是一样的，即方程的系数 I_1, I_2, I_3 是应力张量不变量，即坐标轴的转动不改变数值的大小。

1. 应力球张量不变量

应力球张量，表示各向等值应力状态，即静水压力状态，把 $\sigma_1 = \sigma_2 = \sigma_3 = \sigma_m$ 带人公式，即得应力球张量不变量：

$$I_1 = 3\sigma_m = I_1$$
$$I_2 = 3\sigma_m^2 = \frac{1}{3} I_1^2$$
$$I_3 = \sigma_m^3 = \frac{1}{27} I_1^3$$

2. 应力偏张量不变量

应力偏张量不变量的求法，可以通过在公式中用应力偏量 S_x，S_y，S_z 代替 σ_x，σ_y，σ_z，得：

$$J_1 = (\sigma_x - \sigma_m) + (\sigma_y - \sigma_m) + (\sigma_z - \sigma_m) = 3S_m = 0$$

$$J_2 = (\sigma_x - \sigma_m)(\sigma_y - \sigma_m) + (\sigma_y - \sigma_m)(\sigma_z - \sigma_m) + (\sigma_z - \sigma_m)(\sigma_x - \sigma_m) - \tau_{xy}^2 - \tau_{yz}^2 - \tau_{zx}^2$$

$$J_3 = (\sigma_x - \sigma_m)(\sigma_y - \sigma_m)(\sigma_z - \sigma_m) 2\tau_{xy}\tau_{yz}\tau_{zx} - \sigma_x\tau_{yz}^2 - \sigma_y\tau_{zx}^2 - \sigma_z\tau_{xy}^2$$

用主应力表示：

$$J_1 = (\sigma_1 - \sigma_m) + (\sigma_2 - \sigma_m) + (\sigma_3 - \sigma_m) = 0$$

$$J_2 = \frac{1}{6}[(\sigma_1 - \sigma_2)^2 + (\sigma_2 - \sigma_3)^2 + (\sigma_3 - \sigma_1)^2]$$

$$J_3 = (\sigma_1 - \sigma_m)(\sigma_2 - \sigma_m)(\sigma_3 - \sigma_m)$$

3.1.4 八面体应力

在主坐标系中，法线为 $n = (n_1, n_2, n_3) = \left|\dfrac{1}{\sqrt{3}}\right|(1, 1, 1)$ 的平面称为八面体平面，或者称为等倾面，法线与三个应力主轴的夹角的方向余弦为 $\cos\alpha = \dfrac{1}{3}$，所以 $\alpha = 54.74°$。由于具有上述特性的平面在所有象限内共有 8 个，它们构成了正八面体。

在此坐标系中取其中一个八面体面与坐标面形成的四面体作为分析体，则坐标面的法线方向为主应力方向，面上的应力则正好是主应力 σ_1，σ_2，σ_3，根据单元体的平衡条件，可以得到八面体面上（等倾面）上的总应力 T_8 为：

$$T_8^2 = (\sigma_1 n_1)^2 + (\sigma_2 n_2)^2 + (\sigma_3 n_3)^2 = \frac{1}{3}(\sigma_1^2 + \sigma_2^2 + \sigma_3^2)$$

在主坐标系中，也可以用向量表示为 $T_8 = \left(\dfrac{1}{\sqrt{3}}\sigma_1, \dfrac{1}{\sqrt{3}}\sigma_2, \dfrac{1}{\sqrt{3}}\sigma_3\right)$。

总应力 T_8 的正应力分量 σ_8 是 T_8 在八面体上的投影，可得：

$$\sigma_8 = \frac{1}{3}(\sigma_1 + \sigma_2 + \sigma_3) = \frac{1}{3}I_1$$

八面体面上的剪应力 τ_8 可由求出：

$$\tau_8^2 = T_8^2 - \sigma_8^2$$

整理得：$\tau_8 = \dfrac{1}{3}\sqrt{(\sigma_1 - \sigma_2)^2 + (\sigma_2 - \sigma_3)^2 + (\sigma_3 - \sigma_1)^2}$

可知：$\tau_8 = \sqrt{\dfrac{2}{3}J_2}$。

3.1.5 应力空间与 π 平面上的应力

如果用三个主应力 σ_1，σ_2，σ_3 作为坐标轴，构成一个三维应力空间，则此应力空间内的一个点 $P(\sigma_1$，σ_2，$\sigma_3)$ 即可描述土中一点的应力状态。

1. 空间对角线（等倾线）

在主应力空间中，$\sigma_1 = \sigma_2 = \sigma_3 = \sigma_m$ 的应力状态为各向等压的球应力状态，其轨迹是通过原点并与各坐标轴有相同夹角的直线，称为空间对角线，也称为等倾线。

2. π 平面

垂直于空间对角线的平面称为偏平面，过原点的偏平面称为 π 平面。

则偏平面方程：$\sigma_1 + \sigma_2 + \sigma_3 = \sqrt{3}r$

π 平面的方程：$\sigma_1 + \sigma_2 + \sigma_3 = 0$

主应力空间内的一个点 $P(\sigma_1$，σ_2，$\sigma_3)$，可用矢量表示为 $\overrightarrow{OP}$，该矢量可以表示为空间对角线方向的投影 $\overrightarrow{OQ}$ 与 π 平面上的投影 $\overrightarrow{QP}$ 的和。把 $\overrightarrow{OQ}$ 称为 π 平面上的正应力分量 σ_π，把 $\overrightarrow{QP}$ 称为 π 平面上的剪应力分量 τ_π。

故：$\sigma_\pi = |\overrightarrow{OQ}| = \sigma_1 \dfrac{1}{\sqrt{3}} + \sigma_2 \dfrac{1}{\sqrt{3}} + \sigma_3 \dfrac{1}{\sqrt{3}} = \dfrac{\sqrt{3}}{3}(\sigma_1 + \sigma_2 + \sigma_3) = \sqrt{3}\sigma_m$

$$\tau_\pi^2 = |\overrightarrow{op}|^2 = |\overrightarrow{op}|^2 - |\overrightarrow{oq}|^2$$

所以：$\tau_\pi = \dfrac{1}{\sqrt{3}}\sqrt{(\sigma_1 - \sigma_2)^2 + (\sigma_2 - \sigma_3)^2 + (\sigma_3 - \sigma_1)^2} = \sqrt{2J_2}$

逆着空间对角线从上向下看 π 平面，在 π 平面上出现了三个相互间夹角为 120° 的正的主轴 $O\sigma_1'$，$O\sigma_2'$，$O\sigma_3'$，它们是主应力空间三个垂直应力主轴的投影。空间对角线的方向余弦为 $\cos\alpha = \dfrac{1}{\sqrt{3}}$，所以图中 π 平面与应力主轴夹角的方向余弦 $\cos\beta = \dfrac{\sqrt{2}}{\sqrt{3}}$，可得 π 平面上坐标轴与主应力空间坐标轴有以下关系：

$$\sigma_1' = \sigma_1 \cos\beta = \sqrt{\frac{2}{3}}\sigma_1$$

$$\sigma_2' = \sigma_2 \cos\beta = \sqrt{\frac{2}{3}}\sigma_2$$

$$\sigma_3' = \sigma_3 \cos\beta = \sqrt{\frac{2}{3}}\sigma_3$$

如果在 π 平面上取直角坐系 $O'xy$，则 π 平面上应力 $(\sigma_1'$，σ_2'，$\sigma_3')$ 在 x，y 轴上的投影为

$$x = \sigma_1' - (\sigma_2' + \sigma_3')\cos 60' = \frac{1}{\sqrt{6}}(2\sigma_1 - \sigma_2 - \sigma_3)$$

$$y = (\sigma_2' - \sigma_3')\cos 30° = \frac{1}{\sqrt{2}}(\sigma_2 - \sigma_3)$$

如果在 π 平面上取极坐标 (r, θ)，则主应力空间中任意点 $P(\sigma_1, \sigma_2, \sigma_3)$ 在 π 平面上的投影为 $P'(\sigma'_1, \sigma'_2, \sigma'_3)$，$P'$ 在 π 平面上的矢径 r 和应力洛德角 θ 分别为：

$$r = \sqrt{x^2 + y^2} = \frac{1}{\sqrt{3}} \sqrt{(\sigma_1 - \sigma_2)^2 + (\sigma_2 - \sigma_3)^2 + (\sigma_3 - \sigma_1)^2} = \tau_\pi$$

$$\cos\theta = \frac{x}{r} = \frac{\sqrt{3}}{\sqrt{6}} \frac{2\sigma_1 - \sigma_2 - \sigma_3}{\sqrt{(\sigma_1 - \sigma_2)^2 + (\sigma_2 - \sigma_3)^2 + (\sigma_3 - \sigma_1)^2}}$$

设主应力参数 $b = \dfrac{\sigma_2 - \sigma_3}{\sigma_1 - \sigma_3}$，则：

对于常规三轴试验 $\sigma_2 = \sigma_3$ 的三轴压缩状态，$b = 0$，$\theta = 0°$，对于 $\sigma_2 = \sigma_1$ 的三轴伸长状态，$b = 1$，$\theta = 60°$，因此，b，θ 的范围为：

$$0 \leqslant b \leqslant 1, \ 0° \leqslant \theta \leqslant 60°$$

3.1.6 平均正应力与广义剪应力

定义平均正应力为三个主应力的平均值，用 p 表示，则：

$$p = \frac{\sigma_1 + \sigma_2 + \sigma_3}{3}$$

定义广义剪应力为：

$$q = \frac{1}{\sqrt{2}} \sqrt{(\sigma_1 - \sigma_2)^2 + (\sigma_2 - \sigma_3)^2 + (\sigma_3 - \sigma_1)^2}$$

【复习思考题】

1. 一点应力状态的表示方法有哪些？

2. 何谓 π 平面？π 平面上的应力与八面体应力有何区别？

3. 何谓应力不变量？应力不变量有哪些？

4. 何谓等倾线？等倾线上的点有何特点？

5. 何谓应力空间？

3.2 土中应力分析

地基土体往往是一个半无限大的土体，所以我们分析地基土体的应力时是以具有半无限大水平面，向下无限延伸的土体作为分析对象，如下图所示。土体在 y 的正负方向均无限延伸，在 x 的正负向也是无限延伸，即 xOy 平面是一个无限大水平面。此时若上面没有建筑物的作用，称为自重应力状态。若上面有建筑物或构筑物荷载作用，则称为附加应力状态。

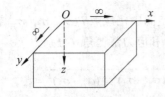

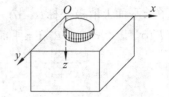

图 3.2　自重应力状态　　　　　　　图 3.3　附加应力状态

3.2.1　自重应力状态下应力分析

1.　自重应力状态下土中应力特点

首先如图所示建立直角坐标系 xyz，在地表 O 点作为坐标原点。设在自重应力状态下，距地表深度为 z 的一点 M，我们分析其应力。在 M 点取微小正六面体单元，则 M 点的应力可用微单元体 6 个面上作用的 9 个应力分量表示 σ_x，σ_y，σ_z，τ_{xy}，τ_{yx}，τ_{xz}，τ_{zx}，τ_{zy}，τ_{yz}，其中 $\tau_{xy}=\tau_{yx}$，$\tau_{xz}=\tau_{zx}$，$\tau_{yz}=\tau_{zy}$，及独立的 6 个应力分量表示。

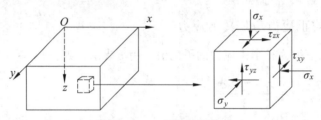

图 3.4　*M* 点微单元体

由于是半无限大土体，所以微单元体的平行于 Oyz 面，Oxz 面的侧面均可以看作土体中的一个对称面，根据对称面上反对称力为零以及剪应力互等的原理，故 $\tau_{xy}=\tau_{yx}=0$，$\tau_{xz}=\tau_{zx}=0$，$\tau_{yz}=\tau_{zy}=0$，所以侧面（竖直面）及水平面均是主应力面，即 $\sigma_x=\sigma_2$，$\sigma_y=\sigma_3$，$\sigma_z=\sigma_1$。

另因 xOy 面是无限大的水平面，所以 $\sigma_2=\sigma_3$。

综上所述，自重应力状态下，地面下任意一点 M 的应力可以表示为（$\sigma_x=\sigma_2$，$\sigma_y=\sigma_3$，$\sigma_z=\sigma_1$），水平面及竖直面为主应力面。且 $\sigma_2=\sigma_3$。

2.　自重应力状态下土中应力计算

M 点水平面上的应力 $\sigma_z=\sigma_1$，称为竖向自重应力，一般用 σ_{cz} 表示；竖直面上的应力 $\sigma_x=\sigma_2$，$\sigma_y=\sigma_3$ 称为侧向自重应力，一般用 σ_{cx} 表示。

由于土体中无剪应力存在，故地基中（M 点）z 深度处的竖直向自重应力等于单位面积上的土柱重量，

匀质地基：$\sigma_{cz}=\sigma_1=\gamma z$

成层地基：$\sigma_{cz}=\sigma_1=\sum \gamma_i h_i$

其中：γ ——土的重度（kN/m³）；

　　　z —— M 点距地表的深度；

　　　h_i —— M 点上各土层的厚度。

在半无限体中，土体不发生侧向变形。任意点水平向侧向应力可用下式计算：

$$\sigma_{cx} = \sigma_x = \sigma_y = \sigma_3 = \sigma_2 = K_0 \sigma_{cz}$$

其中：K_0——静止侧压力系数，K_0 值一般由试验确定，其与土层的应力历史和土的类型等因素有关。

3.2.2 附加应力状态下土中应力分析

在半无限体表面作用荷载时，在地基土中任意深度处均产生附加的应力，称为附加应力。所以附加应力状态与荷载的作用方式（包括荷载作用大小、作用方向、作用面积等）有关，精确的计算较为复杂。目前的计算方法是采用布辛内斯克课题的理论解然后结合叠加原理提出来的。

1. 布辛内斯克课题-集中荷载作用下的附加应力计算

布辛内斯克课题是研究在半无限大水平面上作用一个集中荷载，计算在集中荷载作用下，地基中任意点的应力状态。如图 3.5 所示。

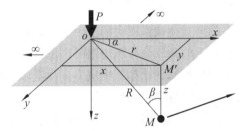

图 3.5　布辛内斯克课题

在集中力作用点建立直角坐标系，在地表下任意点 M 的坐标为 (x, y, z)，M 点与坐标原点的距离为 R，M 点在地表的投影为 M'，M' 距坐标原点的距离为 r。

法国数学家布辛内斯克（J. Boussinesq）1885 年推出了该问题的理论解，M 点的包括 6 个应力分量和 3 个方向位移的表达式如下式所示。

$$\sigma_x = \frac{3P}{2\pi} = \left[\frac{x^2 z}{R^5} + \frac{1-2\mu}{3} \left(\frac{R^2 - Rz - z^2}{R^3(R+z)} \right) - \frac{x^2(2R+z)}{R^3(R+z)^2} \right]$$

$$\sigma_y = \frac{3P}{2\pi} \left[\frac{y^2 z}{R^5} + \frac{1-2\mu}{3} \left(\frac{R^2 - Rz - z^2}{R^3(R+z)} \right) - \frac{y^2(2R+z)}{R^3(R+z)^2} \right]$$

$$\sigma_z = \frac{3P}{2\pi} \frac{z^3}{R^5} = \frac{3P}{2\pi R^2} (\cos\theta)^3$$

$$\tau_{xy} = \tau_{yx} = \frac{3P}{2\pi} \left[\frac{xyz}{R^5} - \frac{1-2\mu}{3} \cdot \frac{xy(2R+z)}{R^3(R+z)^2} \right]$$

$$\tau_{yz} = \tau_{zy} = -\frac{3P}{2\pi} \cdot \frac{yz^2}{R^5} = -\frac{3Py}{2\pi R^3} (\cos\theta)^2$$

$$\tau_{xz} = \tau_{zx} = -\frac{3P}{2\pi} \cdot \frac{xz^2}{R^5} = -\frac{3Px}{2\pi R^3}(\cos\theta)^2$$

$$u = \frac{P(1+\mu)}{2\pi E}\left[\frac{xz}{R^3} - (1-2\mu)\frac{x}{R(R+z)}\right]$$

$$V = \frac{P(1+\mu)}{2\pi E}\left[\frac{yz}{R^3} - (1-2\mu)\frac{y}{R(R+z)}\right]$$

$$w = \frac{P(1+\mu)}{2\pi E}\left[\frac{z^2}{R^3} - 2(1-\mu)\frac{1}{R}\right]$$

集中荷载在地基中引起的附加应力中，竖向附加应力 σ_z 常常是工程师们关注的对象。

$$\sigma_z = \frac{3P}{2\pi} \cdot \frac{z^3}{R^5} = \frac{3P}{2\pi R^2}(\cos\theta)^3 = K \cdot \frac{P}{z^2}$$

其中，K ——集中荷载作用下的竖向附加应力系数。

2. 分布荷载作用时的土中附加应力计算

对实际工程中普遍存在的分布荷载作用时的土中应力计算，通常可采用如下方法处理：当基础底面的形状或基底下的荷载分布不规则时，可以把分布荷载分割为许多集中力，然后用布辛内斯克公式和叠加原理计算土中应力。当基础底面的形状及分布荷载都是有规律时，则可以通过积分求解得相应的土中应力。

如图 3-6 所示，在半无限土体表面作用一分布荷载 $p(x, y)$，为了计算土中某点 $M(x, y, z)$ 的竖向正应力 σ_z 值，可以在基底范围内取单元面积 $\mathrm{d}F = \mathrm{d}\xi\mathrm{d}\eta$，作用在单元面积上的分布荷载可以用集中力 $\mathrm{d}Q$ 表示，$\mathrm{d}Q = p(x, y)\mathrm{d}\xi\mathrm{d}\eta$。这时土中 M 点的竖向正应力 σ_z 值可用式（3-8）在基底面积范围内积分求得，即

$$\sigma_z = \iint_F \mathrm{d}\sigma_z = \frac{3z^3}{2\pi}\iint_F \frac{\mathrm{d}Q}{R^5} = \frac{3z^3}{2\pi}\iint_F \frac{p(x, y)\mathrm{d}\xi\mathrm{d}\eta}{[(x-\xi)^2 + (y-\eta)^2 + z^2]^{5/2}}$$

当已知荷载、分布面积及计算点位置的条件时，即可通过求解上式获得土中应力值。

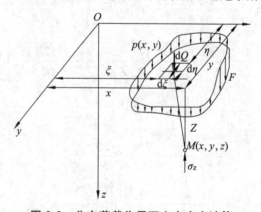

图 3.6　分布荷载作用下土中应力计算

1）圆形面积上作用均布荷载时土中竖向正应力的计算

为了计算圆形面积上作用均布荷载 p 时土中任一点 $M(r, z)$ 的竖向正应力，可采用原点设在圆心 O 的极坐标（如图 3.7），由公式（3-9）在圆面积范围内积分求得：

$$\sigma_z = \frac{3pz^3}{2\pi} \int_0^{2\pi} \int_0^R \frac{\rho \mathrm{d}\varphi \mathrm{d}\rho}{(\rho^2 + r^2 - 2\rho r \cos^2\varphi + z^2)^{5/2}} \qquad （3\text{-}8）$$

上式可表达成简化形式：

$$\sigma_z = \alpha_c p \qquad （3\text{-}9）$$

式中：R 为圆面积的半径（m）；r 为应力计算点 M 到 z 轴的水平距离（m）；α_c 为应力系数，它是 (r/R) 及 (z/R) 的函数，当计算点位于圆形中心点下方时其值为：

$$\alpha_c = 1 - \frac{1}{\left(\dfrac{R^2}{z^2} + 1\right)^{3/2}}$$

也可将此应力系数制成表格形式查用。

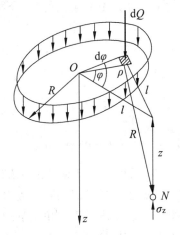

图 3.7　圆形面积均布荷载作用下土中应力计算

2）矩形面积均布荷载作用时土中竖向应力计算

（1）矩形面积中点 O 下土中竖向应力计算

图 3.8 表示在地基表面作用一分布于矩形面积（$l \times b$）上的均布荷载 p，计算矩形面积中点下深度 z 处 M 点的竖向应力 σ_z 值，可从式（3-10）解得：

$$\sigma_z = \frac{3z^3}{2\pi} \int_{-\frac{l}{2}}^{\frac{l}{2}} \int_{-\frac{b}{2}}^{\frac{b}{2}} \frac{\mathrm{d}\eta \mathrm{d}\xi}{(\sqrt{\xi^2 + \eta^2 + z^2})^5} = \alpha_0 p \qquad （3\text{-}10）$$

式中应力系数 α_0 是 $n = l/b$ 和 $m = z/b$ 的函数，即

$$\alpha_0 = \frac{2}{\pi}\left[\frac{2mn(1+n^2+8m^2)}{\sqrt{1+n^2+4m^2}(1+4m^2)(n^2+4m^2)} + \arctan\frac{n}{2m\sqrt{1+n^2+4m^2}}\right]$$

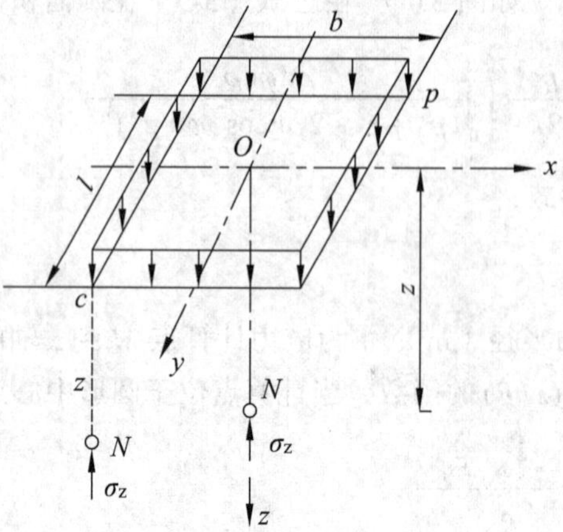

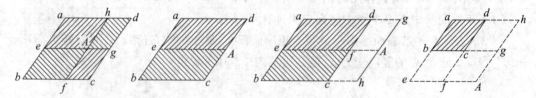

图 3.8　矩形面积均布荷载作用下土中应力计算

（2）矩形面积角点下土中竖向应力计算

在图 3.8 所示均布荷载作用下，计算矩形面积角点 c 下深度 z 处 N 点的竖向应力 σ_z 时，同样可其将表示成如下形式：

$$\sigma_z = \alpha_a p \qquad\qquad （3\text{-}11）$$

式中应力系数 α_a 为：

$$\alpha_a = \frac{1}{2\pi}\left[\frac{mn(1+n^2+2m^2)}{\sqrt{1+m^2+n^2}(m^2+n^2)(1+m^2)} + \arctan\frac{n}{m\sqrt{1+n^2+m^2}}\right]$$

它是 $n = l/b$ 和 $m = z/b$ 的函数，可由公式计算或相应表格查得。

（3）矩形面积均布荷载作用时，土中任意点的竖向应力计算——角点法

在矩形面积上作用均布荷载时，若要求计算非角点下的土中竖向应力，可先将矩形面积按计算点位置分成若干小矩形，如图 3.9 所示。在计算出小矩形面积角点下土中竖向应力后，再采用叠加原理求出计算点的竖向应力 σ_z 值。这种计算方法一般称为角点法。

图 3.9　角点法计算土中任意点的竖向应力

（4）矩形面积上作用三角形分布荷载时土中竖向应力计算

当地基表面作用矩形面积 $(l \times b)$ 三角形分布荷载时，为计算荷载为零的角点下的竖向应力值 σ_{z1}，可将坐标原点取在荷载为零的角点上，相应的竖向应力值 σ_z 可用下式计算：

$$\sigma_z = \alpha_t p \tag{3-12}$$

式中应力系数 α_t 是 $n = l/b$ 和 $m = z/b$ 的函数，即：

$$\alpha_t = \frac{mn}{2\pi}\left[\frac{1}{\sqrt{m^2+n^2}} - \frac{m^2}{(1+m^2)\sqrt{1+n^2+m^2}}\right]$$

其值也可由相应的应力系数表查得。

注意这里 b 值不是指基础的宽度，而是指三角形荷载分布方向的基础边长，如图 3.10 所示。

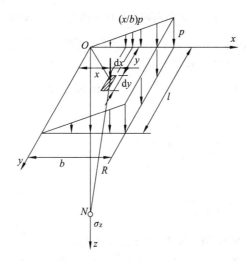

图 3.10　矩形面积三角形荷载作用下土中应力计算

3）均布条形分布荷载下土中应力计算

条形分布荷载下土中应力状计算属于平面应变问题，对路堤、堤坝以及长宽比 $l/b \geqslant 10$ 的条形基础均可视作平面应变问题进行处理。

如图 3.11 所示，在土体表面作用分布宽度为 b 的均布条形荷载 p 时，土中任一点的竖向应力 s_z 可采用弹性理论中的弗拉曼公式在荷载分布宽度范围内积分得到：

弗拉曼（Flamant）

$$\sigma_z = \alpha_u p \tag{3-13}$$

式中应力系数 α_u 是 $n = x/b$ 及 $m = z/b$ 的函数，即

$$n = x/b$$

应力系数 α_u 也可由相应的应力系数表查

$$\alpha_u = \frac{p}{\pi}\left[\left(\arctan\frac{1-2n'}{2m} + \arctan\frac{1+2n'}{2m}\right) - \frac{4m(4n'^2 - 4m^2 - 1)}{(4n'^2 + 4m^2 - 1)^2 + 16m^2}\right]$$ 得。注意此时坐标轴的

原点是在均布荷载的中点处。

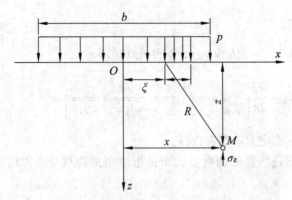

图 3.11 均布条形荷载作用下的土中应力计算

均布条形荷载作用下的土中应力计算也可以采用极坐标形式表示，也可以根据材料力学理论，还可以求出土中任一点的主应力。

土中任一点的最大、最小主应力 σ_1 和 σ_3 可根据材料力学中有关主应力与正应力及剪应力间的关系导出如下：

$$\left.\begin{array}{c}\sigma_1\\\sigma_3\end{array}\right\} = \frac{\sigma_x + \sigma_z}{2} \pm \sqrt{\frac{(\sigma_x - \sigma_y)^2}{2} + \tau_{xy}^2}$$

$$\tan 2\theta = \frac{2\tau_{xz}}{\sigma_z - \sigma_x}$$

式中　θ——最大主应力的作用方向与竖直线间的夹角。

将 M 点的应力表达式代入上式即得到任一点的最大、最小主应力：

$$\left.\begin{array}{c}\sigma_1\\\sigma_3\end{array}\right\} = \frac{p}{\pi}[(\beta_1 - \beta_2) \pm \sin(\beta_1 - \beta_2)]$$

式中 β_1、β_2 为计算点到荷载宽度边缘的两条连线与垂直方向的夹角。

【复习思考题】

1. 何谓自重应力？何谓自重应力状态？
2. 何谓附加应力？附加应力状态与自重应力状态的区别？
3. 附加应力的计算思路？

3.3 基底压力

计算附加应力时假定外荷载为 P，它或者是矩形分布载荷，或者是条形载荷等。此荷载即为建筑物荷载通过基础传递给地基的压力，称基底压力，又称地基反力。

基底地基反力的分布规律主要取决于基础的刚度和地基的变形条件。对柔性基础，地基反力分布与上部荷载分布基本相同，而基础底面的沉降分布则是中央大而边缘小，如由土筑成的路堤，其自重引起的地基反力分布与路堤断面形状相同，如图 3.12 所示。对刚性基础（如箱形基础或高炉基础等），在外荷载作用下，基础底面基本保持平面，即基础各点的沉降几乎是相同的，但基础底面的地基反力分布则不同于上部荷载的分布情况。刚性基础在中心荷载作用下，开始的地基反力呈马鞍形分布；荷载较大时，边缘地基土产生塑性变形，边缘地基反力不再增加，使地基反力重新分布而呈抛物线分布，若外荷载继续增大，则地基反力会继续发展呈钟形分布，如图 3.13 所示。

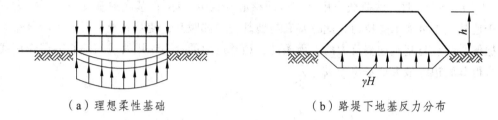

（a）理想柔性基础　　　　　　　　（b）路堤下地基反力分布

图 3.12　柔性基础下的基底压力分布

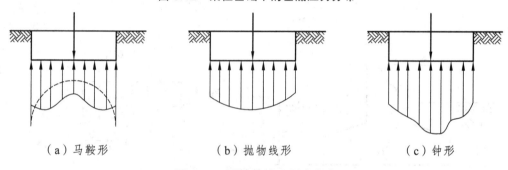

（a）马鞍形　　　　　　（b）抛物线形　　　　　　（c）钟形

图 3.13　刚性基础下压力分布

实用上，通常将地基反力假设为线性分布情况按下列公式进行简化计算：

地基平均反力

$$\overline{p} = \frac{F+G}{A} \tag{3-14}$$

地基边缘最大与最小反力

$$p_{\substack{\max \\ \min}} = \frac{F+G}{A} \pm \frac{M}{W} \tag{3-15}$$

式中：F 为作用在基础顶面通过基底形心的竖向荷载（kN）；G 为基础及其台阶上填土的总重（kN），$G = \gamma_G A d$，其中 γ_G 为基础和填土的平均重度，一般取 $\gamma_G = 20\ \text{kN/m}^3$，地下水位以下取有效重度，$d$ 为基础埋置深度；M 为作用在基础底面的力矩，$M = (F+G) \cdot e$，e 为偏心距；W 为基础底面的抗弯截面模量，即

$$W = \frac{bl^2}{6}$$

式中 l，b 为基底平面的长边与短边尺寸。

将 W 的表达式代入（3-5）式得

$$p_{\substack{\max \\ \min}} = \frac{(F+G)}{lb}\left(1+\frac{6e}{l}\right) \tag{3-16}$$

（1）当 $e < l/6$ 时，基底地基反力呈梯形分布，$p_{\min} > 0$。

（2）当 $e = l/6$ 时，基底地基反力呈三角形分布，$p_{\min} = 0$。

（3）$e > 1/6$ 时，即荷载作用点在截面核心外，$p_{\min} < 0$；基底地基反力出现拉力。由于地基土不可能承受拉力，此时基底与地基土局部脱开，使基底地基反力重新分布。根据偏心荷载与基底地基反力的平衡条件，地基反力的合力作用线应与偏心荷载作用线重合得基底边缘最大地基反力 $p'_{\max}$ 为：

$$p'_{\max} = \frac{2N}{3\left(\dfrac{l}{2}-e\right)b}$$

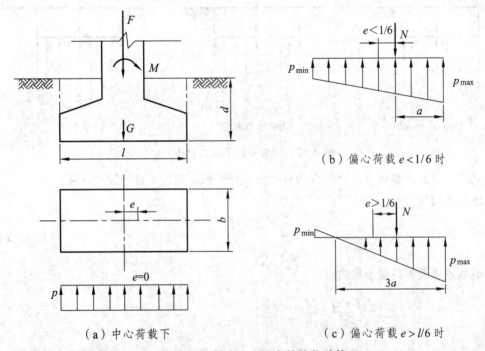

（a）中心荷载下　　（b）偏心荷载 $e < 1/6$ 时　　（c）偏心荷载 $e > 1/6$ 时

图 3.14　基底反力分布的简化计算

【复习思考题】

1. 何谓基底压力？简述其与附加应力的关系及区别。

2. 影响基底压力的因素有哪些？

3. 简述基底压力的计算方法。

第4章 土的压缩性及固结理论

【导 学】

该部分内容由两个基础理论及两个工程应用组成，是理论性较强的一个章节。

两个基本理论一个是土的压缩性，一个是土的固结理论；两个工程应用分别是地基最终沉降量计算，另一个是地基沉降与时间的关系。

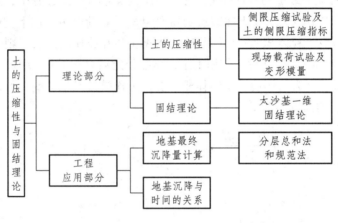

图 4.1

土体在荷载作用下会产生变形，包括体积变形和剪切变形。地基土体在上部结构荷载作用下会出现竖直向下的压缩变形，即沉降。沉降一方面会影响建筑物的使用功能，另外不均匀沉降会引起上部结构内部出现应力，使得上部结构破坏。所以建筑物或构筑物设计的原则之一便是保证地基沉降满足要求。如何计算沉降，必须要了解土体的压缩特性。测试土的变形特性的方法包括室内试验方法和室外试验方法两大类。

4.1 侧限压缩试验

侧限压缩试验，亦称固结试验，其试样处于侧限应力状态。侧限压缩试验是目前最常用的测定土的压缩性参数的室内试验方法。其试验装置如图 4.2 所示。

土试样放置于刚性护环内，上下设置透水石，上部加压，土样则产生竖直向下的变形，即压缩变形，由于刚性护环的侧向限制作用，土样不产生侧向变形，故称作侧限压缩试验。

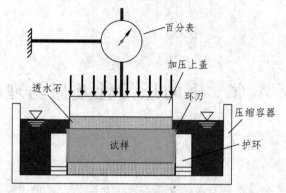

图 4.2 侧限压缩试验图

试验时施加荷载，静置至变形稳定，百分表记录变形量，然后逐级加大荷载，记录变形。则得到各级荷载 p 与竖向压缩变形量 ΔH 的关系。压缩过程中，随着压缩变形的发展，土样孔隙比在变化，设土样的初始高度为 H_0，在荷载 p 作用下土样稳定后的总压缩量为 ΔH，假设土粒体积 $V_s = 1$（不变），根据土的孔隙比的定义，则受压前后土孔隙体积 V_v 分别为 e_0 和 e，根据荷载作用下土样压缩稳定后总压缩量 ΔH 可求出相应的孔隙比 e 的计算公式（因为受压前后土粒体积不变，土样横截面积不变，所以试验前后试样中固体颗粒所占的高度不变）：

$$\frac{H_0}{1+e_0} = \frac{H_0 - \Delta H}{1+e}$$

于是得到：

$$e = e_0 - \frac{\Delta H}{H_0}(1+e_0)$$

式中 e_0 为初始孔隙比，即

$$e_0 = \frac{\rho_s(1+w_0)}{\rho_0} - 1$$

式中 ρ_s，ρ_0，w_0 分别为土粒密度、土样的初始密度和土样的初始含水量，它们可根据室内试验测定。

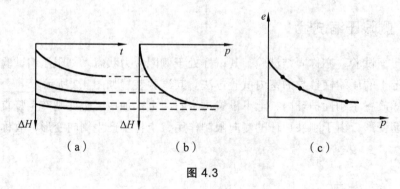

（a）　　　　　　　（b）　　　　　　　（c）

图 4.3

这样既可以得到每级荷载 p 与其对应的孔隙比 e。将对应的 $e-p$ 绘制成 $e-p$ 曲线，即为土样的侧限压缩试验曲线。从曲线中可以看出，随着荷载的增加，产生了压缩变形，孔隙比减小。曲线越陡，代表土样压缩性越大，曲线越缓，土样压缩性越小。

【复习思考题】

1. 在侧限压缩试验过程中，试样的应力状态怎样？
2. 在侧限压缩试验中，试验的变形特点是什么？

4.2 侧限压缩试验指标

侧限压缩试验中，只有竖向变形，没有侧向变形，所以侧限压缩试验曲线可以很好地表征土样在荷载作用下竖向压缩的特性。为了对土样的压缩性定性地表征，在侧限压缩试验的基础上定义压缩系数和压缩指数以及压缩模量、体积压缩系数四个压缩性指标来对土体的压缩性进行描述。

1. 压缩系数 a

压缩系数指的是 $e-p$ 曲线上任意两点割线的斜率，计算公式如下：

$$a = -\frac{\Delta e}{\Delta p}$$

压缩系数的特点：
（1）不同土的压缩系数不同，a 越大，土的压缩性越大。
（2）同种土的压缩系数 a 不是常数，与应力 p 有关。
（3）通常用即应力范围为 $100 \sim 200$ kPa 的 a 值对不同土的压缩性进行比较，见表4-1。
（4）压缩系数的常用单位：KPa^{-1}，MPa^{-1}。

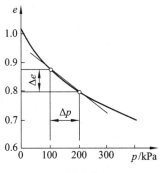

图 4.4

表4-1 $e-p$ 曲线

a_{1-2}/MPa^{-1}	> 0.5	0.1 ~ 0.5	< 0.1
土的类别	高压缩性土	中压缩性土	低压缩性土

2. 压缩指数 C_c

侧限压缩试验的结果也可以绘制成 e-$\lg p$ 曲线，在压力较大部分，曲线接近直线，C_c 是直线段的斜率，即：

$$C_c = -\frac{\Delta e}{\Delta(\lg p)}$$

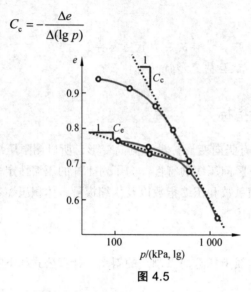

图 4.5

3. 压缩模量 E_s

在侧限压缩试验中，应力增量与应变增量的比值，定义为侧限压缩模量，简称压缩模量。

$$E_s = \frac{\Delta p}{\Delta \varepsilon}$$

由于侧向压缩试验中：

$$a = -\frac{\Delta e}{\Delta p}$$

$$\Delta \varepsilon = -\frac{\Delta e}{1 + e_0}$$

所以

$$E_s = \frac{1 + e_0}{a}$$

4. 体积压缩系数 m_v

压缩模量的倒数即为体积压缩系数。

$$m_v = \frac{1}{E_s} = \frac{a}{1 + e_0}$$

【复习思考题】

1. 侧限压缩试验指标的异同点。
2. 土体的压缩模量与弹性模量的异同点。
3. e-p 曲线，e-$\lg p$ 曲线的特点。

4.3 现场载荷试验及变形模量

1. 现场载荷试验

现场载荷试验是在工程现场通过千斤顶逐级对置于地基土上的载荷板施加荷载，观测记录沉降随时间的发展以及稳定时的沉降量 s，将上述试验得到的各级荷载与相应的稳定沉降量绘制成 p-s 曲线，即获得了地基土载荷试验的结果。载荷试验装置由三大系统组成，即加荷系统、反力系统和量测系统。加荷系统包括千斤顶、加荷板、量力环；而反力系统则可以是锚桩反力系统，或堆重反力系统；量测系统包括百分表。

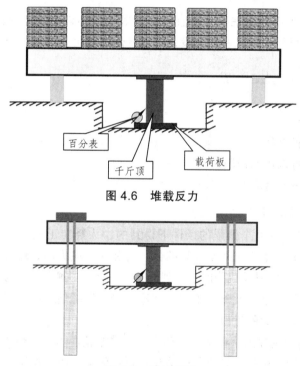

图 4.6　堆载反力

图 4.7　锚桩反力

试验时分级加载，分级不少于 8 级，每级沉降稳定后再进行下一级加载；满足终止加载标准（破坏标准）的某级荷载的上一级荷载作为极限荷载。终止加载标准可参照《建筑地基基础设计规范》（GB 50007—2011）。将各级荷载 p 与对应的沉降 s 绘制成 p-s 曲线。如下图所示。

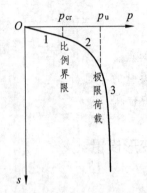

图 4.8 载荷试验 $p\text{-}s$ 曲线

2. 变形模量 E_0

变形模量指的是载荷试验室应力增量与应变增量的比值，及

$$E_0 = \frac{\Delta p}{\Delta \varepsilon}$$

$p\text{-}s$ 曲线的开始部分往往接近于直线，一般地基容许承载力取接近于比例界限荷载，所以地基的变形处于直线变形阶段，所以变形模量可以用如下公式计算：

$$E_0 = \frac{(1-\mu^2)p}{s_1 d}$$

式中 μ ——泊松比；

d ——载荷板直径；

p ——一般可取比例极限；

s_1 ——载荷 p 所对应的沉降。

3. 关于三种模量的讨论

压缩模量 E_s 是土在完全侧限的条件下得到的，为竖向正应力与相应的正应变的比值。该参数将用于地基最终沉降量计算的分层总和法、应力面积法等方法中。

变形模量 E_0 是根据现场载荷试验得到的，它是指土在侧向自由膨胀条件下正应力与相应的正应变的比值。该参数将用于弹性理论法最终沉降估算中，但载荷试验中所规定的沉降稳定标准带有很大的近似性。

弹性模量 E_i 可通过静力法或动力法测定，它是指正应力与弹性（即可恢复）正应变的比值。该参数常用于用弹性理论公式估算建筑物的初始瞬时沉降。

根据上述三种模量的定义可看出：压缩模量和变形模量的应变为总的应变，既包括可恢复的弹性应变，又包括不可恢复的塑性应变。而弹性模量的应变只包含弹性应变。

从理论上可以得到压缩模量与变形模量之间的换算关系：

$$E_0 = \beta E_s$$

式中

052

$$\beta = 1 - \frac{2\mu^2}{1-\mu} = 1 - 2\mu K_0$$

推导过程如下：

在侧限压缩试验中，σ_z 为竖向压力，由于侧向完全侧限，所以：

$$\varepsilon_x = \varepsilon_y = 0$$

$$\sigma_x = \sigma_y = K_0 \sigma_z$$

式中 k_0 为侧压力系数，可通过试验测定或采用经验值。

利用三向应力状态下的广义胡克定律得：

$$\varepsilon_x = \frac{\sigma_x}{E_0} - \mu\left(\frac{\sigma_y}{E_0} + \frac{\sigma_z}{E_0}\right) = 0$$

式中 μ 为土的泊松比。

将式（4-9）代入上式得：

$$K_0 = \frac{\mu}{1-\mu}$$

或

$$\mu = \frac{K_0}{1+K_0}$$

再考察 ε_z 得；

$$\varepsilon_z = \frac{\sigma_z}{E_0} - \mu\left(\frac{\sigma_x}{E_0} + \frac{\sigma_y}{E_0}\right)$$

$$= \frac{\sigma_z}{E_0}(1 - 2\mu K_0)$$

$$= \frac{\sigma_z}{E_0}\left(1 - \frac{2\mu^2}{1-\mu}\right)$$

将侧限压缩条件 $\varepsilon_z = \sigma_z / E_s$ 代入上式左边，则：

$$\frac{\sigma_z}{E_s} = \frac{\sigma_z}{E_0}(1 - 2\mu K_0)$$

这样就得到：

$$E_0 = E_s(1 - 2\mu K_0) = E_s\left(1 - \frac{2\mu^2}{1-\mu}\right)$$

令

$$\beta = 1 - \frac{2\mu^2}{1-\mu} = 1 - 2\mu K_0$$

即得：

$$E_0 = \beta E_s$$

【复习思考题】

1. 现场载荷试验过程中土体应力状态的变化与侧限压缩试验中土体应力状态的变化的异同点。

2. 压缩模量与变形模量的异同点。

4.4 地基最终沉降量计算

建筑物的沉降量，是指地基土压缩变形达固结稳定的最大沉降量，或称地基沉降量。

地基最终沉降量，是指地基土在建筑物荷载作用下，变形完全稳定时基底处的最大竖向位移。

地基沉降的原因：（1）建筑物的荷重产生的附加应力引起；（2）欠固结土的自重引起；（3）地下水位下降引起和施工中水的渗流引起。

基础沉降按其原因和次序分为：瞬时沉降 s_d；主固结沉降 s_c 和次固结沉降 s_s 三部分组成。瞬时沉降是指加荷后立即发生的沉降，对饱和土地基，土中水尚未排出的条件下，沉降主要由土体侧向变形引起；这时土体不发生体积变化。固结沉降是指超静孔隙水压力逐渐消散，使土体积压缩而引起的渗透固结沉降，也称主固结沉降，它随时间而逐渐增长。次固结沉降，是指超静孔隙水压力基本消散后，主要由土粒表面结合水膜发生蠕变等引起的，它将随时间极其缓慢地沉降。因此：建筑物基础的总沉降量应为上述三部分之和，即

$$s = s_d + s_c + s_s$$

计算地基最终沉降量的目的：（1）在于确定建筑物最大沉降量；（2）沉降差；（3）倾斜以及局部倾斜；（4）判断是否超过容许值，以便为建筑物设计值采取相应的措施提供依据，保证建筑物的安全。

4.4.1 分层总和法计算基础的最终沉降量

1. 基本原理

目前在工程中广泛采用的方法是以无侧向变形条件下的压缩量计算基础的沉降量，亦即分层总和法。

分层总和法计算沉降的思想是将成层土地基分为一个一个的小条，对每个小条计算沉降，然后叠加，故称分层总和法。其基本假定和基本原理为：

（1）假设基底压力为线性分布。

（2）附加应力用弹性理论计算。

（3）侧限应力状态，只发生单向沉降。

（4）只计算固结沉降，不计瞬时沉降和次固结沉降。

（5）将地基分成若干层，认为整个地基的最终沉降量为各层沉降量之和：

$$s = \sum s_i$$

分层总和法理论上不够完备，是一个半经验性方法。

2. 计算步骤

由于基础施工的步骤是基坑开挖—基础施工—基坑回填—建筑物施工，所以地基土体经历了卸载—回弹—再加载—压缩沉降等过程，所以计算地基最终沉降量，一种情况是考虑地基回弹，沉降量从回弹后的基底算起，此种情况适用于基础底面大，埋深大，施工期长的情况；一种情况是不考虑地基回弹，沉降量从原基底算起，适用于基础底面积小，埋深浅，施工快的情况。

1）不考虑回弹变形的分层总和法计算地基沉降量计算步骤

（1）计算原地基的自重应力分布 σ_{cz}

地基土的自重应力应从地面算起。

（2）基底附加压力 $p_0 = p - \sigma_c$

考虑基坑开挖对自重应力的卸载，将基底压力减去基底以上土体的自重，即基底附加压力作为计算地基中附加应力的外荷载。

（3）确定地基中附加应力 σ_z 分布

附加应力的计算应从基底算起，外荷载采用基底附加压力。

（4）确定计算深度 z_n

确定沉降计算深度的方法有多种。

① 经验法。

经验法对于一般土层，取附加应力等于 20% 自重应力所对应的土层，即 $\sigma_z = 0.2\sigma_{cz}$；对于软土层，取 $\sigma_z = 0.1\sigma_{cz}$ 所对应的土层。

② 规范法。

规范法则是要求计算深度以上 Δz 高度的土条其沉降量 ΔS 小于等于总沉降量的 $\dfrac{1}{40}$，即

$$\Delta S \leqslant 0.025S$$

对一般房屋基础，可按下列经验公式确定 z_n：

$$z_n = B(2.5 - 0.4\ln B)$$

（5）地基分层 H_i

地基分层的原则是不同土层界面，地下水位线均为分层面，且每层厚度不宜大于 0.4

倍的基础宽度或 4 m；另外附加应力变化明显的土层，分层厚度适当减小。

（6）计算每层沉降量 S_i

对于小土条 i，其自重应力取上下表面自重应力的平均值 σ_{czi}；附加应力亦取上下表面附加应力的平均值 σ_{zi}。则该小土条压缩前受到的荷载 $p_{1i} = \sigma_{czi}$；压缩后受到的荷载 $p_{2i} = \sigma_{czi} + \sigma_{zi}$。设压缩前荷载 p_{1i} 对应的孔隙比为 e_{1i}，压缩后对应的孔隙比为 e_{2i}。

则小土条的沉降量 S_i 等于：

$$s_i = \frac{a_i}{1 + e_1 i}(p_{2i} - p_{1i})H_i$$

$$S_i = \frac{\sigma_{zi}H_i}{E_{si}}$$

$$s_i = \frac{e_{1i} - e_{2i}}{1 + e_{1i}}H_i$$

（a）单个小土条

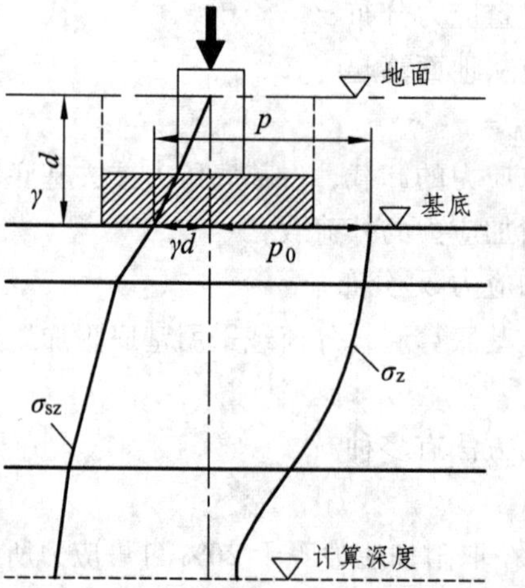

（b）

图 4.9

（7）各层沉降量叠加 $\sum s_i$

$$s = \sum s_i$$

此法优缺点：

① 优点：适用于各种成层土和各种荷载的沉降量计算；压缩指标 a, E_s 等易确定。

② 缺点：作了许多假设，与实际情况不符，侧限条件，基底压力计算有一定误差；室内试验指标也有一定误差；计算工作量大；利用该法计算结果，对坚实地基，其结果偏大，对软弱地基，其结果偏小。

2）考虑回弹变形的分层总和法计算最终沉降量的计算步骤

与不考虑回弹变形相比，考虑回弹变形时，开挖后地基中自重应力分布应剪去由于开挖回弹的减小量，即：

$$\sigma'_{cz} = \sigma_{cz} - f(\gamma d, z)$$

式中：$f(\gamma d, z)$ 即为由于回弹变形而引起的自重应力减小量，它与开挖土重有关，也与据基底的深度有关。

另外，考虑回弹变形时，地基中附加应力的计算时，外荷载可直接用基底压力计算。其余步骤与不考虑回弹变形相同。

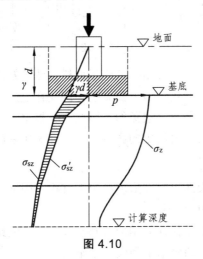

图 4.10

4.4.2　考虑应力历史影响的地基沉降量计算方法

1. 应力历史

应力历史是指土层在形成过程中所受到的应力变化情况。土层应力历史不同，其压缩性不同。在侧限压缩试验中，加压到某一荷载时，卸载为零，然后再加载，如下图所示，再加载曲线与原加载曲线不同，这就明显地反映了土体的应力历史相关性。

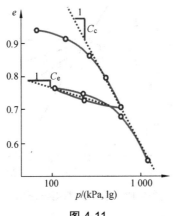

图 4.11

下图是原状土样、受扰动程度不同的土样以及重塑土样的室内压缩曲线，其压缩特性明显不同。

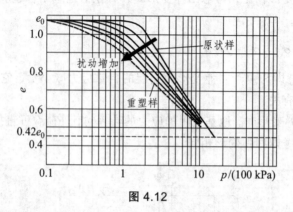

图 4.12

侧限压缩试验的实际工作步骤是，从现场取样，然后室内试验，在此过程中涉及土体扰动、应力释放、含水量变化等多方面影响，即使在上述过程中努力避免扰动，保持含水率不变，但应力卸荷总是不可避免的。因此需要根据土样的室内压缩曲线推求土层的原位压缩曲线，考虑土层应力历史的影响，确定现场压缩的特征曲线。

2. 先期固结压力

先期固结应力指的是天然土层在形成历史上沉积，固结过程中受到过的最大固结应力，称为先期固结应力，用 P_c 表示。

超固结比（OCR）指的是先期固结应力和现在所受的固结应力之比，根据 OCR 值可将土层分为正常固结土、超固结土和欠固结土。

OCR =1，即先期固结应力等于现有的固结应力，称为正常固结土。

OCR 大于 1，即先期固结力大于现有的固结应力，称为超固结土。

OCR 小于 1，即先期固结力小于现有的固结应力，称为欠固结土。

确定先期固结压力的方法很多，应用最广泛的是美国学者卡萨格兰德建议的经验作图法。

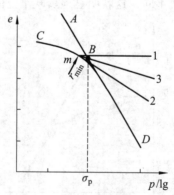

图 4.13　确定先期固结压力

（1）在 e-$\lg p$ 曲线上，找出曲率最大点 m。

（2）作水平线 m_1。

（3）作 m 点切线 m_2。

（4）作 m_1，m_2 的角分线 m_3。

（5）m_3 与试验曲线的直线段交于点 B。

（6）B 点对应于先期固结压力 p_c。

3．现场原位压缩曲线

取原状土和制备试样的过程中，不可避免地对土样产生一定的扰动，致使室内试验的压缩曲线与现场的压缩特性之间发生差别，所以必须加以修正，使地基沉降计算更为合理。

室内压缩试验的结果发现，无论试样扰动如何，当压力增大时，曲线都近于直线段，且大都经过 $0.42e_0$ 点（e_0——试样的原位孔隙比）。

1）正常固结土的原位压缩曲线的求法

对正常固结土先期固结压力 p_c 与固结应力相同，所以 $B(e_0, p_c)$ 位于原位压缩曲线上，另外，以 $0.42e_0$ 在压缩曲线上确定 C 点，通过 B、C 两点的直线即为所求的原位压缩曲线。

2）超固结土的原位压缩曲线的求法

确定 p_c，σ_{cz} 的作用线；因为 $p_c > \sigma_{cz}$，点 $D(e_0, \sigma_{cz})$ 位于再压缩线上，过 D 点作斜率为 ae 的直线 DB，DB 为原位再压缩曲线；以 $0.42e_0$ 在压缩曲线上确定 C 点，BC 为原位初始压缩曲线；DBC 即为所求的原位再压缩和压缩曲线。

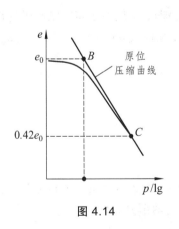

图 4.14

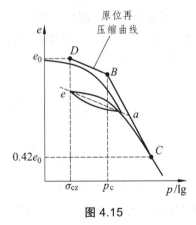

图 4.15

3）欠固结土的原位压缩曲线求法

因欠固结土在自重作用下，压缩尚未稳定，只能近似地按正常固结土的方法求其原位压缩曲线。

4．考虑应力历史影响的地基最终沉降量计算步骤

1）正常固结土的沉降计算

当土层属于正常固结土时，建筑物外荷引起的附加应力是对土层产生压缩的压缩应

力，设现场土层的分层厚度为 h_i，压缩指数为 C_{ci}，则该分层的沉降 S_i 为：

$$S_i = \frac{\Delta e_i}{1 + e_2} h_i$$

又因为 $\Delta e_i = C_{ci}[\lg(p_{0i} + \Delta p_i) - \lg p_{0i}] = C_{ci} \lg \left[\frac{p_{0i} + \Delta p_i}{p_{0i}} \right]$

$$S_i = \frac{h_i C_{ci}}{1 + e_{0i}} \left[\lg \frac{p_{0i} + \Delta p_i}{p_{0i}} \right]$$

当地基又 n 分层时，则地基的总沉降量为：

$$S = \sum_{i=1}^{n} s_i = \sum_{i=1}^{n} \frac{h_i c_{ci}}{1 + e_{0i}} \left[\lg \frac{p_{0i} + \Delta p_i}{p_{0i}} \right]$$

式中　e_{0i}——第 i 分层的初始孔隙比；

　　　　p_{0i}——第 i 分层的平均自重应力；

　　　　c_{ci}——第 i 分层的现场压缩指数；

　　　　h_i——第 i 分层的厚度；

　　　　Δp_i——第 i 分层的平均压缩应力。

2）超固结土的沉降计算

计算超固结土层的沉降时，涉及使用压缩曲线的压缩指数 C_c 和 C_s（回弹模量），因此计算时应该区别两种情况：

A：当建筑物荷载引起的压缩应力 $\Delta p_i < (p_{ci} - p_{0i})$ 时，土层属于超固结阶段的再压缩过程，第 i 层在 Δp_i 作用下，孔隙比的改变将只沿再压缩曲线 bb' 段发生，应使用 c_{si} 指数，则该分层的压缩量：

$$s_i = \frac{h_i}{1 + e_{0i}} c_{si} \lg \left(\frac{p_{0i} + \Delta p_i}{p_{0i}} \right)$$

$$s = \sum_{i=1}^{n} s_i = \sum_{i=1}^{n} \frac{h_i c_{si}}{1 + e_{0i}})(\lg \frac{p_{0i} + \Delta p_i}{p_{0i}})$$

B：当压缩应力（平均固结力）$\Delta p_i > (p_{ci} - p_{0i})$ 时，则该分层的压缩量分为 p_{0i} 至 p_{ci} 段超固结压缩 s_{1i} 和 p_{ci} 至 $(p_{0i} + \Delta p_i)$ 段正常固结压缩 s_{2i} 两部分，即：

$$s_i = s_{1i} + s_{2i}$$

$$s_{1i} = \frac{h_i}{1 + e_{0i}} c_{si} \lg \frac{p_{ci}}{p_{0i}}$$

$$s_{2i} = \frac{h_i}{1 + e_{0i}} c_{ci} \lg \frac{p_{0i} + \Delta p_i}{p_{ci}}$$

$$s = \sum_{i=1}^{n} s_i = \sum_{i=1}^{n} (s_{1i} + s_{2i}) = \sum_{i=1}^{n} \frac{h_i}{1+e_{0i}} \left[c_{si} \lg \frac{p_{ci}}{p_{0i}} + c_{ci} \lg \frac{p_{0i} + \Delta p_i}{p_{ci}} \right]$$

式中　p_{ci}——第 i 分层的前期固结应力，其余符号同前。

3）欠固结土的沉降计算

对于欠固结土，由于在自重等作用下还未达到完全压缩稳定，$p_c < p_0$，因而沉降量应该包括由于自重作用引起的压缩和建筑物荷载引起的沉降量之和。

$$s_i = \frac{h_i}{1+e_{0i}} c_{ci} \left[\lg \frac{p_{0i}}{p_{ci}} + \lg \frac{p_{0i} + \Delta p_i}{p_{0i}} \right]$$

$$= \frac{h_i}{1+e_{0i}} c_{ci} \lg \frac{p_{0i} + \Delta p_i}{p_{ci}}$$

$$s = \sum_{i=1}^{n} s_i = \sum_{i=1}^{n} \frac{h_i}{1+e_i} c_{ci} \lg \frac{p_{0i} + \Delta p_i}{p_{ci}}$$

4.4.3　规范法计算地基最终沉降量

《建筑地基基础设计规范》提出的计算最终沉降量的方法，是基于分层总和法的思想，运用平均附加应力面积的概念，并结合大量工程实际中沉降量观测的统计分析，辅以经验系数 ψ_s 进行修正，求得地基的最终变形量。

1．基本公式

$$s = \varphi_s \sum s_i = \varphi_s \sum_{i=1}^{n} (z_i a_i - z_{i-1} a_{i-1}) \frac{p_0}{E_{si}}$$

式中　s——地基的最终沉降量（mm）；

　　　φ_s——沉降计算经验系数；

　　　n——地基变形计算深度范围内天然土层数；

　　　p_0——基底附加压力；

　　　E_{si}——基底以下第 i 层土的压缩模量，按第 i 层实际应力变化范围取值；

　　　$z_i z_{i-1}$——基础底面至第 i 层，i—1 层底面的距离；

　　　$a_i a_{i-1}$——基础底面到第 i 层，i—1 层底面范围内中心点下的平均附加系数，可查表得。

2．沉降计算修正系数 φ_s

φ_s 综合反映了计算公式中一些未能考虑的因素，它是根据大量工程实例中沉降的观测值与计算值的统计分析比较而得的。φ_s 的确定与地基土的压缩模量 E_s，承受的荷载有关，具体见下表中：

表 4-2　沉降计算经验系数 φ_s

基底 E_s 附加应力 /MPa		2.5	4.0	7.0	15.0	20.0
黏性土	$P_0 = f_k$	1.4	1.3	1.0	0.4	0.2
	$P_0 < 0.75 f_k$	1.1	1.0	0.7	0.4	0.2
砂　土		1.1	1.0	0.7	0.4	0.2

$\overline{E_s}$ 为沉降计算深度范围内的压缩模量当量值，按下式计算：

$$\overline{E_s} = \frac{\sum A_i}{\sum \dfrac{A_i}{E_{si}}}$$

式中　A_i——第 i 层平均附加应力系数沿土层深度的积分值；

　　　E_{si}——相应于该土层的压缩模量；

　　　f_k——地基承载力标准值。

3. 地基沉降计算深度 Z_n

地基沉降计算深度 Z_n，应满足：

$$\Delta S_{z_n} \leqslant 0.025 \sum_{i=1}^{n} s_i$$

式中：ΔS_{z_n} 为计算深度处向上取厚度；Δz 为分层的沉降计算值，Δz 的厚度选取与基础宽度 B 有关，见下表：

表 4-3　Δz 值表

B/m	≤2	2~4	4~8	8~15	15~30	>30
$\Delta z/m$	0.3	0.6	0.8	1.0	1.2	1.5

注：（1）当基础无相邻荷载影响时，基础中心点以下地基沉降计算深度也按下式参数取值：

　　　$Z_n = B(2.5 - 0.4 \ln B)$。

（2）利用 $s = \varphi_s \sum s_i = \varphi_s \sum\limits_{i=1}^{n} \dfrac{p_0}{E_{si}}(z_i a_i - z_{i-1} a_{i-1})$

计算地基的最终沉降量，在考虑相邻荷载影响时，平均附加应力仍可应用叠加原理。

【复习思考题】

1. 分层总和法计算地基沉降量的思路。

2. 考虑回弹的沉降量计算与未考虑回弹的沉降量计算的区别。

3. 何谓先期固结压力，如何确定土体的先期固结压力。

4.5 饱和土体渗流固结理论

前面介绍的方法确定地基的沉降量，是指地基土在建筑荷载作用下达到压缩稳定后的沉降量，因而称为地基的最终沉降量。然而，在工程实践中，常常需要预估建筑物完工及一段时间后的沉降量和达到某一沉降所需要的时间，这就要求解决沉降与时间的关系问题。

饱和土体的沉降过程主要是土中孔隙水的挤出过程，即饱和土的压缩变形是在外荷载作用下使得充满于孔隙中的水逐渐被挤出，固体颗粒压密的过程。孔隙水排出的时间决定于排水的距离、土粒粒径与孔隙的大小、土层的渗透系数、荷载大小和压缩系数的高低等因素。

不同土质的地基，在施工期间完成的沉降量不同，碎石土和砂土压缩性小，渗透性大，变形经历的时间很短，因此施工结束时，地基沉降以全部或基本完成；黏性土完成固结所需要的时间比较长。通常对低压缩性黏性土，可认为施工期间完成最终沉降量的 50% ~ 80%；对中压缩性黏性土，可认为施工期间完成最终沉降量的 20% ~ 50%；对于高压缩性土，可认为施工期间完成最终沉降量的 5% ~ 20%。在厚层的饱和软黏土中，固结变形需要经过几年甚至几十年时间才能完成。

4.5.1 饱和土的渗流固结理论

渗透固结理论是针对土这种多孔多相松散介质，建立起来的反映土体变形过程的基本理论。土力学的创始人 Terzaghi 教授于 20 世纪 20 年代提出饱和土的一维渗透固结理论。该理论提出的实践背景是大面积均布荷载作用下的薄压缩层地基，此时简化为侧限状态，渗流和土体的变形只沿竖向发生，所以称作一维渗透固结理论。

为了形象地描述饱和土体的渗流固结过程，可在一个盛满水的圆筒中，装一个带有弹簧的活塞，弹簧表示土颗粒骨架，容器内的水表示土中的自由水，带孔的活塞表征土的透水性。如下图所示。

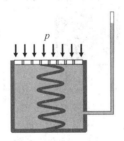

图 4.16　饱和土体渗流固结物理模型

模型中只有固液两相介质，所以外力 σ 的作用只能由水与弹簧来承担。设水承担的压力为孔隙水压力 u，土颗粒承担的压力为有效应力 σ'，按照 Terzaghi 提出的有效应力原理：

$$\sigma = \sigma' + u$$

饱和土体的一维渗流固结过程可用图来表示。$T = 0$ 时刻，弹簧未被压缩，水承担了全部的外荷载，随着时间的增加，水逐渐排出，孔隙水压力 u 在减小，弹簧被压缩，有效应力增长，而总外荷载不变；当时间接近无穷时，水全部排出，孔隙水压力为零，弹簧承担了全部外荷载。此即饱和土体的一维渗流固结全过程。

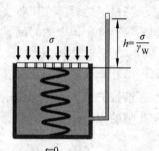

（a）$t = 0$ 时刻

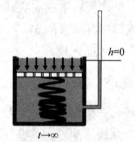

（b）$t = \infty$ 时刻

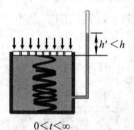

（c）$t = t_1$ 时刻

图 4.17

4.5.2　一维渗流固结微分方程的推导

1. 渗流模型

基本假设如下：

（1）土层是均质的，饱和水的。

（2）在固结过程中，土粒和孔隙水是不可压缩的。

（3）土层仅在竖向产生排水固结（相当于有侧限条件）。

（4）土层的渗透系数 K 和压缩系数 a 为常数。

（5）土层的压缩速率取决于自由水的排出速率，水的渗出符合达西定律。

（6）外荷是一次瞬时施加的，且沿深度 Z 为均匀分布。

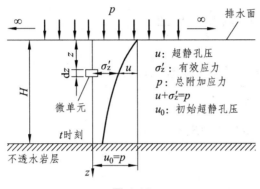

图 4.18

2. 渗流微分方程的推导

在饱和土体渗流固结过程中，土层超静孔压 u 是 z 和 t 的函数，土层内任一点的孔隙水应力 u_{zt} 所满足的微分方程式称为固结微分方程式。

在黏性土层中距顶面 z 处取一微分单元，长度为 $\mathrm{d}z$，土体初始孔隙比为 e_1，设在固结过程中的某一时刻 t，从单元顶面流出的流量为 $q + \dfrac{\partial q}{\partial z}\mathrm{d}z$ 则从底面流入的流量将为 q。

于是，在 $\mathrm{d}t$ 时间内，微分单元被挤出的孔隙水量为：

$$\mathrm{d}\theta = \left[\left(q + \frac{\partial q}{\partial z}\mathrm{d}z\right) - q\right]\mathrm{d}t = \left(\frac{\partial q}{\partial z}\right)\mathrm{d}z\mathrm{d}t$$

设渗透固结过程中时间 t 的孔隙比为 e_t，孔隙体积为：

$$V_\mathrm{v} = \frac{e_t}{1+e_1}\mathrm{d}z$$

在 $\mathrm{d}t$ 时间内，微分单元的孔隙体积的变化量为：

$$\mathrm{d}V_\mathrm{v} = \frac{\partial V_\mathrm{v}}{\partial t}\mathrm{d}t = \frac{\partial}{\partial t}\left(\frac{e_t}{1+e_1}\mathrm{d}z\right)\mathrm{d}t$$

$$= \frac{1}{1+e_1}\frac{\partial e_t}{\partial_t}\mathrm{d}z\mathrm{d}t$$

由于土体中土粒，水是不可压缩的，故此时间内流经微分单元的水量变化应该等于微分单元孔隙体积的变化量。

即：$d\theta = dV_v$

或 $\left(\dfrac{\partial q}{\partial z}\right)dzdt = \dfrac{1}{1+e_1}\dfrac{\partial e_t}{\partial t}dzdt$

即：$\dfrac{\partial q}{\partial z} = \dfrac{1}{1+e_1}\dfrac{\partial e_t}{\partial t}$

根据渗流满足达西定律的假设：

$$q = Ki = K\dfrac{\partial h}{\partial z} = \dfrac{K}{\gamma_w}\dfrac{\partial u}{\partial z}$$

i 为水头梯度，$i = \dfrac{\partial h}{\partial z}$ 其中 h 为侧压管水头高度；

μ 为孔隙水压力，$u = \gamma_w h_0$。

根据压缩曲线和有效应力原理 $a = -\dfrac{de}{dp}$

而 $\sigma' = \sigma - u = p - u$

所以 $\dfrac{\partial e_t}{\partial t} = a\dfrac{\partial u}{\partial t}$，并令 $C_v = \dfrac{K(1+e_1)}{ar_w}$

则得 $C_v\dfrac{\partial^2 u}{\partial z^2} = \dfrac{\partial u}{\partial t}$

此式即为饱和土体单向渗透固结微分方程式。

C_v 称为竖向渗透固结系数（m²/年或 cm²/年）。

3．固结微分方程式的求解

对于 $C_v\dfrac{\partial^2 u}{\partial z^2} = \dfrac{\partial u}{\partial t}$ 方程，可以根据不同的起始条件和边界条件求得它的特解。考虑到饱和土体的渗流固结过程中，边界条件及初始条件：

$$t = 0,\ 0 \leqslant z \leqslant H,\ u_{zt} = \sigma = p$$

$$0 < t < \infty,\ z = 0;\ u_{zt} = 0$$

$0 < t < \infty$，$z = H$，土层底部不透水 $q = 0$，$\dfrac{\partial u}{\partial z} = 0$

$t = \infty$ 时，$0 \leqslant z \leqslant H$：$u_{zt} = 0$，$\sigma' = \sigma = p$

将固结微分方程 $C_v\dfrac{\partial^2 u}{\partial z^2} = \dfrac{\partial u}{\partial t}$ 与上述初始条件，边界条件一起构成定解问题，用分离变量法可求微分方程的特解任一点的孔隙水应力。

$$u_{zt} = \dfrac{4}{\pi}\sigma\sum_{m=1}^{\infty}\dfrac{1}{m}e^{-\frac{m^2\pi^2}{4}\pi}\sin\dfrac{m\pi}{2H}z$$

式中：m 为正整数奇数（1，3，5，7，…）；e 为自然对数的底；T_v 为时间因素，无因次，$T_v = \dfrac{c_v t}{H^2}$，t 的单位为年，H 为压缩土层的透水面至不透水面的排水距离（cm）；当土层双面排水，H 取土层厚度的一半。

4. 固结度

所谓固结度，就是指在某一固结应力作用下，经某一时间 t 后，土体发生固结或孔隙水应力消散的程度。对于土层任一深度 Z 处经时间 t 后的固结度，按下式表示：

$$U_{zt} = \frac{\sigma'_t}{\sigma} = \frac{u_0 - u_{zt}}{u_0} = 1 - \frac{u_{zt}}{u_0}$$

式中　u_0——初始孔隙水应力，其大小即等于该点的固结应力；

　　　　u_{zt}——t 时刻的孔隙水应力；

　　　　U_{zt}——固结度。

平均固结度（U_t）：当土层为均质时，地基在固结过程中任一时刻 t 时的沉降量 s_t 与地基的最终变形量 s 之比称为地基在 t 时刻的平均固结度。用 U_t 表示，即：

$$U_t = \frac{s_t}{s}$$

当地基的固结应力、土层性质和排水条件已定的前提下，U_t 仅是时间 t 的函数。

由 $u_{zt} = \dfrac{4p}{\pi} \sum\limits_{m=1}^{\infty} \dfrac{1}{m} \sin\dfrac{m\pi z}{2H} e^{-m^2 \frac{\pi^2}{4} T_v}$ 给出了 t 时刻在深度 z 的孔隙水应力的大小，根据有效应力和孔隙水应力的关系，土层的平均固结度：

$$U_t = \frac{s_t}{s} = \frac{\dfrac{a}{1+e_1}\displaystyle\int_0^H \sigma' \mathrm{d}z}{\dfrac{a}{1+e_1}\displaystyle\int_0^H \sigma \mathrm{d}z} = \frac{\displaystyle\int_0^H (\sigma - u)\mathrm{d}z}{\displaystyle\int_0^H \sigma \mathrm{d}z} = 1 - \frac{\displaystyle\int_0^H u \mathrm{d}z}{\displaystyle\int_0^H \sigma \mathrm{d}z}$$

$\displaystyle\int_0^H u\mathrm{d}z$，$\displaystyle\int_0^H \sigma \mathrm{d}z$ 分别表示土层在外荷作用下 t 时刻孔隙水应力面积与固结应力的面积，将式 $u_{zt} = \dfrac{4p}{\pi} \sum\limits_{m=1}^{\infty} \dfrac{1}{m} \sin\dfrac{m\pi z}{2H} e^{-m^2 \frac{\pi^2}{4} T_v}$ 代入上式得：

$$U_t = 1 - \frac{8}{\pi^2}\left(e^{-\frac{\pi^2}{4}T_v} + \frac{1}{9}e^{-9\frac{\pi^2}{4}T_v} + \cdots \right)$$

此式给出的 U_t 与 T_v 之间的关系，常取前两项做近似计算，即：

$$U_t = 1 - \frac{8}{\pi^2}e^{-\frac{\pi^2}{4}T_v}$$

从上式可以看出，土层的平均固结程度是时间因数 T_v 的单值函数，它与所加的固结应力的大小无关，但与土层中固结应力的分布有关。

5. 有关沉降-时间的工程问题

工程中涉及的沉降与时间的关系有求某一时刻 t 的固结度与沉降量，求达到某一固结度所需要的时间，或者是根据前一阶段测定的沉降-时间曲线，推算以后的沉降-时间关系。

（1）求某一时刻 t 的固结度与沉降量。

（2）求达到某一固结度所需要的时间。

（3）根据前一阶段测定的沉降-时间曲线，推算以后的沉降-时间关系。

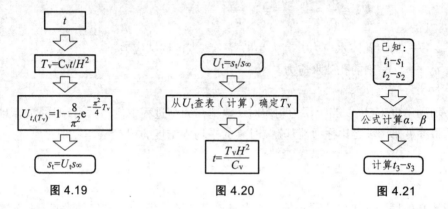

图 4.19   图 4.20   图 4.21

【复习思考题】

1. 何谓土中一点的固结度？何谓土层的平均固结度？

2. 如何求任意时刻的沉降量？

3. 如何求地基土层达到某沉降量所需的时间？

4. 太沙基一维固结理论推导的假定条件有哪些？为何要设置这些假定条件？

第 5 章 土的抗剪强度

5.1 概 述

土体在受到外力后，内部会产生附加应力，当外力达到一定程度后，土体会发生破坏。工程实践和室内试验都证实了土体发生破坏是由于某个面上剪应力达到了其能够承受的最大剪应力，土体就沿着剪应力作用方向产生相对滑动，该点就发生剪切破坏。土体能够承受的最大剪应力称作土体的抗剪强度，是指土体对于外荷载所产生的剪应力的极限抵抗能力。因此，土的强度问题实质上就是土的抗剪强度问题。

在工程实践中与土的抗剪强度有关的工程问题主要有三类：第一类是以土作为建造材料的土工构筑物的稳定性问题，如土坝、路堤等填方边坡以及天然土坡等的稳定性问题；第二类是土作为工程构筑物环境的安全性问题，即土压力问题，如挡土墙、地下结构等的周围土体，它的强度破坏将造成对墙体过大的侧向土压力，以至可能导致这些工程构筑物发生滑动、倾覆等破坏事故；第三类是土作为建筑物地基的承载力问题，如果基础下的地基土体产生整体滑动或因局部剪切破坏而导致过大的地基变形，将会造成上部结构的破坏或影响其正常使用功能。

5.2 库仑公式

5.2.1 库仑公式的表达式

1776 年，法国学者库仑（C. A. Coulomb）根据试验结果，提出土的抗剪强度的计算公式：

$$\tau_f = c + \sigma \tan \varphi$$

式中　　τ_f——土的抗剪强度；

　　　　c, φ——土体的黏聚力和内摩擦角；对于砂性土，$c = 0$；

　　　　σ——剪切面上的正应力。

上述土的抗剪强度数学表达式，也称为库仑公式，它表明在一般应力水平下，土的抗剪强度与滑动面上的法向应力之间呈直线关系，其中 c, φ 称为土的抗剪强度指标。这一基本关系式能满足一般工程的精度要求，是目前研究土的抗剪强度的基本定律。

上述土的抗剪强度表达式中，若采用的法向应力为总应力 σ，称为总应力表达式。根据有效应力原理，土中某点的总应力 σ 等于有效应力 σ' 和孔隙水压力 u 之和，即 $\sigma = \sigma' + u$。

若法向应力采用有效应力 σ'，则可以得到如下抗剪强度的有效应力表达式：

$$\tau_f = c' + \sigma' \tan \varphi'$$

式中 c', φ'——土的有效黏聚力和有效内摩擦角，统称为有效应力抗剪强度指标。

5.2.2 对库仑公式的认识

从库仑公式中可以看出，对于土体中某一点来讲，其抗剪强度不是一个定值，在同一应力状态下，各个面上的抗剪强度与该面上的正应力成正比。

c 为土体的黏聚力，它取决于土粒间的各种物理化学作用力，如库仑力（静电力）、范德华力、胶结作用力和毛细力等，所以它与土形成的地质历史、其黏土颗粒矿物成分、密度与离子浓度等有关，一般认为粗颗粒土是无黏性土，黏聚力等于零。

内摩擦角 φ 反映了土体中在剪切过程中颗粒与颗粒之间的摩擦作用，一方面由颗粒之间发生滑动时颗粒接触面粗糙不平所引起滑动摩擦，它与与颗粒的形状、矿物组成、级配等因素有关；另一方面是指相邻颗粒对于相对移动的约束作用，当发生剪切破坏时，相互咬合着的颗粒必须抬起，跨越相邻颗粒，或在尖角处被剪断才能移动，该部分称作咬合摩擦。所以，总的来讲，影响土体内摩擦角 φ 的因素包括密度、粒径级配、颗粒的矿物成分、粒径的形状、黏土颗粒表面的吸附水膜等。

砂土的内摩擦角 φ 变化范围不是很大，中砂、粗砂、砾砂一般为 32°～40°，粉砂、细砂一般为 28°～36°。孔隙比愈小，φ 愈大，但含水饱和的粉砂、细砂很容易失去稳定，因此对其内摩擦角的取值宜慎重；有时规定取 20° 左右。砂土有时也有很小的黏聚力（约 10 kPa 以内），这可能是由于砂土中夹有一些黏土颗粒，也可能是由于毛细黏聚力的缘故。

黏性土的抗剪强度指标的变化范围很大，它与土的种类有关，并且与土的天然结构是否破坏、试样在法向压力下的排水固结程度及试验方法等因素有关。内摩擦角的变化范围大致为 0°～30°；黏聚力则可从小于 10 kPa 变化到 200 kPa 以上。

5.3 莫尔库仑抗剪强度理论

莫尔在库仑公式的基础上，于 1900 年提出土体破坏的强度理论，即莫尔库仑强度理论。该理论包含三个方面的内容：

（1）土单元的某一个平面上的抗剪强度 τ_f 是该面上作用的法向应力 σ 的单值函数，$\tau_f = f(\sigma)$，这个函数关系式确定的曲线称作抗剪强度包络线。

（2）在一定的应力范围内，$f(\sigma)$ 可以用线性函数近似 $\tau_f = c + \sigma \tan \varphi$ 表示。

（3）某土单元的任一个平面上 $\tau = \tau_f$，该单元就达到了极限平衡应力状态。

如果某个土单元体的应力状态用大小主应力 σ_1，σ_3 表示，则该土单元达到极限平衡应力状态时，则其应力状态莫尔圆应与抗剪强度包络线相切，如下图所示：

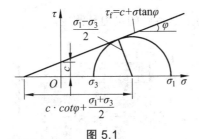

图 5.1

其大小主应力应满足如下公式：

$$\sin\varphi = \frac{(\sigma_1 - \sigma_3)/2}{\cot\varphi + (\sigma_1 + \sigma_3)/2}$$

或：

$$\sigma_1 = \sigma_3 \tan^2\left(45° + \frac{\varphi}{2}\right) + 2c\tan\left(45° + \frac{\varphi}{2}\right)$$

$$\sigma_3 = \sigma_1 \tan^2\left(45° - \frac{\varphi}{2}\right) - 2c\tan\left(45° - \frac{\varphi}{2}\right)$$

对于无黏性土，则应满足：

$$\sigma_1 = \sigma_3 \tan^2\left(45° + \frac{\varphi}{2}\right)$$

$$\sigma_3 = \sigma_1 \tan^2\left(45° - \frac{\varphi}{2}\right)$$

5.4　土的抗剪强度指标的试验方法

测定土的抗剪强度指标的试验方法主要有室内剪切试验和现场剪切试验两大类，室内剪切试验常用的方法有直接剪切试验、三轴压缩试验和无侧限抗压强度试验等，现场剪切试验常用的方法主要有十字板剪切试验。

5.4.1　直剪试验

直接剪切试验是测定土的抗剪强度的最简单的方法，它所测定的是土样预定剪切面上的抗剪强度。直剪试验所使用的仪器称为直剪仪，按加荷方式的不同，直剪仪可分为应变控制式和应力控制式两种。前者是以等速水平推动试样产生位移并测定相应的剪应力；后者则是对试样分级施加水平剪应力，同时测定相应的位移。我国目前普遍采用的是应变控制式直剪仪，该仪器的主要部件由固定的上盒和活动的下盒组成，试样放在盒内上下两块透水石之间，如图所示。试验时，由杠杆系统通过加压活塞和透水石对试样施加某一法向应力，然后等速推动下盒，使试样在沿上下盒之间的水平面上受剪直至破坏，剪应力的大小可借助与上盒接触的量力环测定。

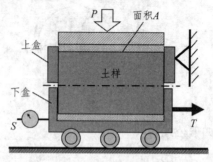

图 5.2　直剪仪

　　试验中通常对同一种土取 3 ~ 4 个试样，分别在不同的法向应力下剪切破坏，可将试验结果绘制成抗剪强度 τ_f 与法向应力 σ 之间的关系，如图所示。试验结果表明，对于砂性土，抗剪强度与法向应力之间的关系是一条通过原点的直线；对于黏性土，抗剪强度与法向应力之间也基本成直线关系，该直线与横轴的夹角为内摩擦角 φ，在纵轴上的截距为黏聚力 c。

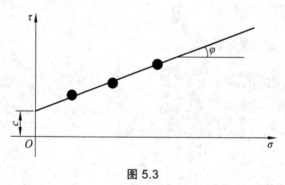

图 5.3

　　直剪试验通过控制剪切速率近似模拟排水条件。

1.　固结慢剪

施加正应力时让土体充分固结；剪切速率很慢，< 0.02 mm/分，以保证无超静孔压。

2.　固结快剪

施加正应力时让土体充分固结；在 3 ~ 5 min 内剪切破坏。

3.　快　剪

施加正应力后立即剪切；3 ~ 5 min 内剪切破坏。

　　直剪试验的优点是仪器构造简单、传力明确、操作方便、试样薄、固结快、省时、仪器刚度大，不可能发生横向变形，仅根据竖向变形量就可以计算试样体积的变化；缺点是所受外力状态比较简单，试样内的应力状态又比较复杂，在破坏面上应力、应变分布不均匀。剪切破坏面事先已确定，这不能反映土体实际的破坏情况；还有就是在剪切过程中，土样剪切面逐渐缩小，而在计算抗剪强度时却是按土样的原截面计算中心；另外在试验过程中无法严格控制排水条件，不能量测孔隙水压力。

5.4.2　三轴压缩试验

三轴压缩试验是测定土抗剪强度的一种较为完善的方法。试验原理如图 5.4 所示。

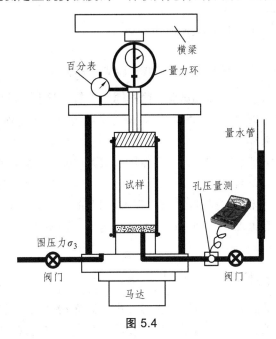

图 5.4

该试验中，土试样是一圆柱体，套在橡胶膜内，置于密封的压力室中，土样三向受压，并使围压在整个试验过程中保持不变，这时件内各向的三个主应力相等，因此不产生剪应力，然后通过上部传力杆对试件施加竖向压力，这样，当压力及其组合达到一定程度时，土样就会按规律产生一个斜向破裂面或沿弱面破裂。

三轴试验过程中土体应力状态是轴对称应力状态，垂直应力 σ_z 一般是大主应力，并且侧向应力总是相等 $\sigma_x = \sigma_y$，且分别为中、小主应力 σ_2，σ_3。

三轴试验分为两个过程，第一个过程给试样施加围压，试样的应力状态为 $\sigma_1 = \sigma_2 = \sigma_3$，这个过程称作固结，然后施加应力差 $\Delta\sigma_1 = \sigma_1 - \sigma_3$，这个过程称作剪切。

按土样三向受压的大小组合关系，三轴试验可分为常规三轴和真三轴试验。常规三轴试验又可分为常规三轴压缩（$\sigma_1 > \sigma_2 = \sigma_3$）和三轴挤长（$\sigma_1 < \sigma_2 = \sigma_3$）；所谓真三轴试验是指 $\sigma_1 > \sigma_2 > \sigma_3$ 的受压情况。土力学中通常进行常规三轴试验。

常规三轴试验中，由不同围压 σ_3 的三轴试验，得到破坏时相应的 $(\sigma_1 - \sigma_3)f$。

分别绘制破坏状态的应力莫尔圆，其公切线即为强度包线，可得强度指标 c 与 φ。如图 5.5 所示。

三轴试验中按剪切前受到围压 σ_3 的固结状态和剪切时的排水条件，分为以下三种方法：

（1）三轴压缩不固结不排水[UU]试验，简称不排水剪试验：试样在施加周围压力和随后施加竖向压力直至剪切破坏的整个过程中都不允许排水，试验自始自终关闭排水阀门。

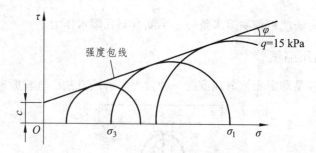

图 5.5　三轴压缩试验莫尔破坏包线

（2）三轴压缩固结不排水[CU]试验，简称固结不排水试验：试样在施加周围压力 σ_3 时打开阀门，允许排水固结，待固结稳定后关闭排水阀门，再施加竖向压力，使试样在不排水的条件下剪切破坏。

（3）三轴压缩固结排水[CD]试验，简称排水试验：试样在施加周围压力 σ_3 时允许排水固结，待固结稳定后，再在排水条件下施加竖向压力至试样剪切破坏。

三轴压缩试验可严格地控制排水条件以及可以量测试件中孔隙水压力的变化。此外，试件中的应力状态也比较明确，破裂面是最弱处，而不同于直接剪切试验限定在上下盒之间。

5.4.3　十字板剪切试验

室内的抗剪强度试验要求取得原状土样，由于试样在采取、运送、保存和制备等方面不可避免地受到扰动，特别是对于高灵敏度的软黏土，室内试验结果的精度就受到影响。因此，发展原位测试土性的仪器具有重要意义。在抗剪强度的原位测试方法中，国内广泛应用的是十字板剪切试验。试验装置如图 5-6 所示。

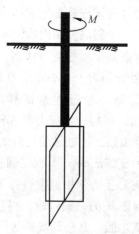

图 5.6　十字板剪切试验示意图

十字板是横断面呈十字形、带刃口的金属板。试验时先用钻机钻孔至试验土层以上 75 cm 处，再下套管并用提土器将套管底部的残土清除或不用钻机，将套管直接压入或打入到试验土层以上 75 cm 处，再清除管内的土。然后将十字板装在钻杆下端，穿过套管压入到试验土层中并尽量避免扰动。再通过地面上的扭力设备对钻杆施加扭矩，使已压入试验土层中的十字板动至土体被剪坏，切出一个圆柱状的破坏面。根据试验结果按下式计算十字板剪力试验得到的土的抗剪强度 τ_f 值。

$$\tau_f = \frac{2M}{\pi D^2 (H + D/3)}$$

式中：H，D 为十字板的高度和转动直径，M 为剪切破坏时的扭力矩。

5.5　基于三轴试验的孔隙压力系数

根据有效应力原理，给出土中总应力后，求取有效应力的问题在于孔隙压力。为此，A. W. 斯肯普顿（Skemptom，1954）提出以孔隙压力系数表示孔隙水压力的发展和变化。根据三轴试验结果，引用孔隙压力系数 A 和 B，建立了轴对称应力状态下土中孔隙压力与大、小主应力之间的关系。

图 5.7 表示三轴不排水不固结试验——土单元的孔隙压力的变化过程。设一土单元在各向相等的有效应力作用下固结，初始孔隙水压力 $u = 0$，意图是模拟试样的原位应力状态。如果受到各向相等的压力 $\Delta\sigma_3$ 的作用，孔隙压力的增长为 Δu_3，如果在试样上施加轴向压力增量 $\Delta\sigma_1 - \Delta\sigma_3$，在试样中产生孔隙压力增量为 Δu_1，则在 $\Delta\sigma_3$ 和 $\Delta\sigma_1$ 共同作用下的孔隙压力增量 $\Delta u = \Delta u_3 + \Delta u_1$。根据土的压缩原理即土体积的变化等于孔隙体积的变化从而可得出以下结论：

$$\Delta u_3 = B \cdot \Delta\sigma_3$$

$$\Delta u = \Delta u_3 + \Delta u_1 = B[\Delta\sigma_3 + A(\Delta\sigma_1 - \Delta\sigma_3)]$$

式中，B 为在各向应力相等条件下的孔隙压力系数，A 为在偏应力增量作用下的孔隙压力系数。

对于饱和土，$B = 1$；对于干土，$B = 0$；对于非饱和土，$0 < B < 1$，土的饱和度愈小，B 值也愈小。

A 值的大小受很多因素的影响，它随偏应力增加呈非线性变化，高压缩性土的 A 值较大。

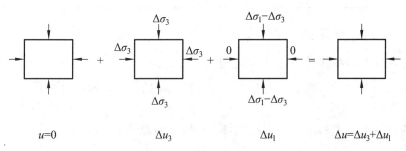

图 5.7　三轴压缩试验孔隙压力的变化过程图

5.6 抗剪强度指标的选择

5.6.1 抗剪强度指标的类型

（1）根据应力分析方法，抗剪强度指标为分为总应力指标和有效应力指标。

抗剪强度的有效应力指标为 c'，φ'，用有效应力指标所表示的库仑公式为：

$$\tau_f = c' + \sigma' \tan \varphi'$$

这个公式符合土的破坏的机理，但有时孔隙水压力 u 无法确定。

抗剪强度的总应力指标 c，φ，用总应力指标表示的库仑公式为：

$$\tau_f = c + \sigma \tan \varphi$$

这是一种"全额生产率"的概念，因 u 不能产生抗剪强度，不符合强度机理。在无法确定 u 时便于应用，但要符合工程条件。

（2）根据试验方法可分为三轴试验指标与直剪试验指标。

表 5-1

类　型	施加围压	施加偏应力	量　测	强度指标
固结排水 CD	固　结	排水	体　变	c_d，$\varphi_d = (c'$，$\varphi')$
固结不排水 CU	固　结	不排水	孔隙水压力	c_{cu}，φ_{cu} c'，φ'

试验类型	试验方法	强度指标
慢　剪	施加正应力-充分固结 慢剪，保证无超静孔压	c_s，φ_s
固结快剪	施加正应力-充分固结 快剪，在 3~5 min 内剪切坏	c_{cq}，φ_{cq}
快　剪	施加正应力后不固结， 立即快剪，3~5 min 内剪坏	c_q，φ_q

5.6.2 土的抗剪强度指标的选用原则

1. 有效应力指标与总应力指标的选用

（1）凡是可以确定（测量、计算）孔隙水压力 u 的情况，都应当使用有效应力指标 c'，φ'。

（2）采用总应力指标时，应根据现场土体可能的固结排水情况，选用不同的总应力强度指标。

2. 直剪试验与三轴试验指标的选用

（1）应优先采用三轴试验指标。

（2）应按照不同土类和不同的固结排水条件，合理选用直剪试验指标。

（3）砂土：c'，φ' 三轴 CD 试验与直剪试验（直剪偏大）。

（4）黏土：有效应力指标：三轴 CD 或 CU 试验。

总应力指标：三轴 CU、UU 试验，或直剪 c_q、φ_q 试验。

第6章 土压力

在房屋建筑、桥梁、道路以及水利等工程中广泛使用防止土体坍塌的构筑物，如支撑建筑物周围填土的挡土墙、地下室侧墙、桥台以及储藏粒状材料的挡土墙等，还有深基坑开挖支护墙以及隧道、水闸、驳岸等构筑物的挡土墙。而对于挡土墙来讲，土压力是其主要的外荷载，因此，设计挡土墙首先要确定土压力的性质、大小、方向和作用点。

6.1 土压力的类型

土压力通是指挡土墙后的填土因自重或外荷载作用而对墙背产生的侧压力。土压力的大小及其分布规律与墙体可能的位移方向、墙背填土的种类、填土面的形式、墙的截面刚度和地基的变形等一系列因素有关。

在实验室里，可以通过挡土墙的模型试验，量测挡土墙不同位移方向产生土压力大小。实验是在一个长形槽中部插上一块刚性板，在板的一侧安装土压力盒，并使填土板的另一侧临空。当挡板静止不动时，测得板上的土压力为 E_0。如将挡板向离开填土临空方向移动或转动时，测得的土压力数值减小为 E_a。反之，若将挡板推向填土方向，土压力逐渐增大，当墙后土体发生滑动时达最大值 E_p，土压力随挡土墙位移而变化的情况如下图所示。

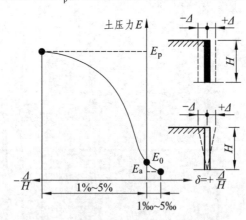

图 6.1 挡土墙位移与土压力关系图

根据墙的位移情况和墙后土体所处的应力状态，土压力可分为以下三种：

1. 主动土压力

当挡土墙向离开土体方向偏移至土体达到极限平衡状态时，作用在墙上的土压力称为主动土压力，用 E_a 表示。

2．被动土压力

当挡土墙向土体方向偏移至土体达到极限平衡状态时，作用在墙上的土压力称为被动土压力，用 E_p 表示。

3．静止土压力

当挡土墙静止不动，土体处于弹性平衡状态时，作用在墙上的土压力称为主动土压力，用 E_0 表示。

6.2　静止土压力

根据定义，静止土压力产生时，墙体不发生任何位移，即 $\delta = 0$，则墙后填土相当于天然地基土的应力状态（侧限状态）—— k_0 应力状态，在填土表面下任意深度 z 处取一微单元体，其上应力状态如图 6.2 所示。

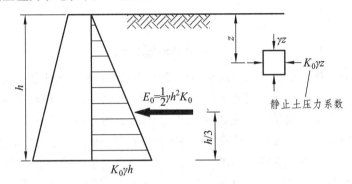

图 6.2　静止土压力图示

$$\sigma_V = \gamma z$$

$$\sigma_h = K_0 \gamma z$$

式中　K_0——静止土压力系数，对于侧限应力状态，理论上 $K_0 = \nu / (1-\nu)$，对于砂土、正常固结黏土，$K_0 = 1 - \sin \varphi'$。

作用在墙背上土压力强度 P_0 即为：

$$p_0 = \sigma_h = K_0 \gamma z$$

所以土压力的分布沿墙高为三角形分布。如果取单位墙长，则作用在墙上的静止土压力为：

$$E_0 = \frac{1}{2} \gamma H^2 K_0$$

作用点距墙底 $\dfrac{H}{3}$ 处。

6.3　朗肯土压力理论

朗肯土压力理论是根据半空间的应力状态和土的极限平衡条件而得出的土压力计算方法。它分析在自重应力作用下，半无限土体内各点的应力从弹性平衡状态发展为极限平衡状态的情况。

设半无限土体中距地表深度为 z 的一点 M，当整个土体都处于静止状态时，各点都处于弹性平衡状态。则 M 点的应力状态如图 6.3 所示。

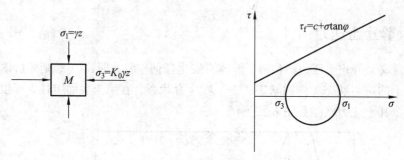

图 6.3　M 点的应力状态

由于该点处于弹性平衡状态，故莫尔圆没有和抗剪强度包线相切。设想由于某种原因，使整个土体在水平方向均匀地伸展或压缩，使土体由弹性平衡状态转为极限平衡状态。如果土体在水平方向伸展，则 M 单元竖直截面上的法向应力 σ_3 逐渐减少，而水平截面上的法向应力 σ_1 是不变的，当满足极限平衡状态时，即莫尔圆与抗剪强度包线相切，此时达到主动朗肯状态；如果土体在水平方向均匀的压缩，则水平面上的法向应力 σ_1 不变，而竖直截面上的法向应力 σ_3 逐渐减小，当满足极限平衡状态时，即莫尔圆与抗剪强度包线相切，此时达到被动朗肯状态。

朗肯将上述原理应用于挡土墙土压力计算中，设想用墙背直立的挡土墙代替半空间左边的土，则墙背与土的接触面上满足剪应力为零的边界应力条件以及产生主动或被动朗肯状态的边界条件，由此可以推导出主动和被动土压力的公式。

6.3.1　朗肯主动土压力

如图 6.4 所示的挡土墙，设墙背光滑、直立，填土面水平。当墙体偏移土体时，由于墙背任意深度 z 处竖向应力 $\sigma_1 = \gamma z$ 不变，水平应力 σ_3 逐渐减少直到产生主动朗肯状态，σ_3 变为 σ_{3f} 即为主动土压力强度 p_a，由极限平衡条件可得：

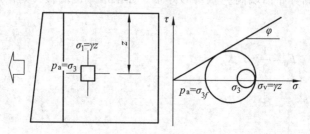

图 6.4　主动土压力的计算图

$$p_a = \sigma_{3f} = \gamma \cdot z \cdot \tan^2(45° - \varphi/2) - 2\tan(45° - \varphi/2)$$

令 $K_a = \tan^2(45° - \varphi/2)$，则：

$$p_a = \gamma z K_a - 2c\sqrt{K_a}$$

式中　K_a——朗肯主动土压力系数；

　　　γ——墙后填土的重度（kN/m³），地下水位以下采用浮重度；

　　　c——填土的黏聚力（kPa），对于无黏性土 $c = 0$；

　　　φ——填土的内摩擦角（°）；

　　　z——所计算点离填土面的深度（m）。

如取单位墙长计算，则无黏性土的主动土压力为：

$$E_a = \frac{1}{2}\gamma H^2 \tan^2\left(45° - \frac{\varphi}{2}\right)$$

E_a 通过三角形的形心，即作用在离墙底 $\frac{H}{3}$ 处。

主动土压力的分布如图 6.5，6.6 所示。

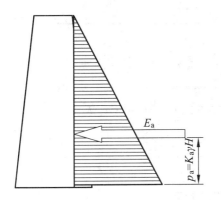

图 6.5　无黏性土主动土压力分布图

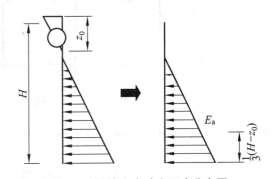

图 6.6　黏性土主动土压力分布图

6.3.2　朗肯被动土压力

当墙受到外力作用而推向土体时，填土中任意一点的竖向应力 $\sigma_z = \gamma z$ 仍不变，而水平向应力却逐渐增大，直至出现被动朗肯状态。则水平面上的应力变为大主应力，它就是被动土压力强度 p_p，于是由极限平衡条件便可得：

$$p_p = \sigma_1 = \gamma z K_p + 2c\sqrt{K_p}$$

式中，$K_p = \tan^2\left(45° + \dfrac{\varphi}{2}\right)$，称为朗肯被动土压力系数。其余符号同前。

如取单位墙长计算，则被动土压力可由下式计算：

$$E_p = \frac{1}{2}\gamma H^2 K_p + 2cH\sqrt{K_p}$$

E_p 通过三角形或梯形压力分布图的形心。

6.3.3 几种特殊情况下的朗肯土压力计算

1. 当填土表面有连续均布荷载 q 时朗肯土压力计算

若填土表面有连续均布荷载 q 时，将其换算成当量土重后按无载时的公式进行计算。推导后主动土压力计算公式如下：

黏性土：$p_a = (\gamma z + q)K_a - 2c\sqrt{K_a}$

砂性土：$p_a = (\gamma z + q)K_a$

2. 成层填土中的朗肯土压力计算

当墙后土体成层分布且具有不同的物理力学性质时，常用近似方法计算土压力。假设各层土的分层面与土体表面平行，自上而下按层计算土压力，求下层土的土压力时可将上面各层土的重量当作均布荷载对待。

在土层分界面上，由两层土的抗剪强度指标不同，其传递由于自重引起的土压力作用下同，使主动土压力的分布有突变，见下图所示。

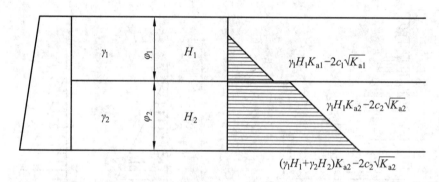

图 6.7 成层土的主动土压力计算

3. 墙后填土中有地下水时的朗肯土压力计算

计算墙体受到的总的侧向压力时，对地下水位以下部分的水、土压力，一般采用"水土分算"和"水土合算"两种方法。对砂性土和粉土，可按水土分算原则进行，即分别计算水压力和土压力，然后两者叠加；对黏性土可根据现场情况和工程经验，按水土分算或水土合算进行。

1) 水土分算法

水土分算法采用有效重度 γ' 计算主动土压力，按静压力计算水压力，然后两者叠加为总的侧压力。

黏性土：$p_a = \gamma' H K_a' - 2c'\sqrt{K_a'} + \gamma_w h_w$

砂性土：$p_a = \gamma' H K_a' + \gamma_w h_w$

2）水土合算法

对地下水位下的黏性土，水土合算法采用的饱和重度 γ_{sat} 计算总的水土压力，即：

$$p_a = \gamma_{sat}HK_a - 2c\sqrt{K_a}$$

式中　K_a——按总应力强度指标计算的主动土压力系数。

6.4　库仑土压力理论

库仑土压力理论是根据墙后土体处于极限平衡状态并形成一滑动楔体时，从楔体的静力平衡条件得出的土压力计算理论。

库仑土压力的基本假定：① 墙后的填土是理想的散粒体（ $c=0$ ）；② 滑动破坏面是一平面。

6.4.1　库仑主动土压力的计算

如图 6.8 所示，当挡墙向前移动或转动而使墙后土体沿某一破坏面 BC 破坏时，则土楔 ABC 向下滑动而处于主动极限平衡状态。此时，作用于土楔 ABC 上的力有：

（1）土楔体的自重 $G = \triangle ABC \cdot \gamma$ ， γ 为填土的重度，只要破坏面 BC 的位置一确定，G 的大小就是已知值，其方向向下。

（2）破坏面 BC 上的反力 R ，其大小是未知的。反力 R 与破坏面 BC 的法线 N_1 之间的夹角等于土的内摩擦角 φ ，并位于 N_1 的下侧。

（3）墙背对土楔体的反力 E ，与它大小相等、方向相反的作用力就是墙背上土压力。反力 E 的方向必与墙背的法线 N_2 成 δ 角， δ 角为墙背与填土之间的摩擦角，称为外摩擦角。当土体下滑时，墙对土楔体的阻力是向上的，故反力 E 必在 N_2 的下侧。

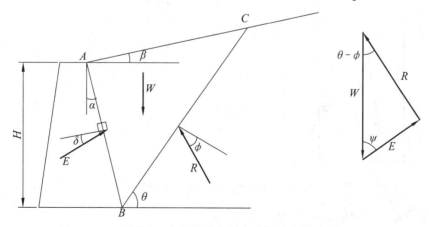

图 6.8　库仑主动土压力求解示意图

土楔体在三力作用下处于静力平衡状态，因此必构成一闭合的力矢三角形，从而可推出 E 的表达式：

$$E = \frac{W\sin(\theta - \phi)}{\sin[180° - (\theta - \phi + \psi)]} = f(\theta)$$

其中：$\psi = 90° - \delta - \alpha$

θ 是滑动面 BC 与水平面的夹角，是任意假定的，因此，假定不同的滑动面可以得出一系列相应的土压力 E 值，则 E 的最大值 $E_{\max}$ 即为墙背的主动土压力，其所对应的滑动面即是土楔最危险的滑动面。为求主动土压力，可用微分学中求极值的方法求 E 的最大值。为此可令 $\mathrm{d}E/\mathrm{d}\theta = 0$，从而解得使 E 为极大值时填土的破坏角 θ_{cr}，将 θ_{cr} 代入上式即可得到库仑主动土压力公式的一般表达式：

$$E_a = \frac{1}{2}\gamma H^2 K_a$$

其中：$K_a = \dfrac{\cos^2(\phi - \alpha)}{\cos^2\alpha\cos(\alpha + \delta)\left[1 + \sqrt{\dfrac{\sin(\phi + \delta)\sin(\phi - \beta)}{\cos(\alpha + \delta)\cos(\alpha - \beta)}}\right]^2}$

K_a 称为库仑主动土压力系数。

当填土面水平，墙背竖直，以及墙背光滑时，也即 $\beta = 0$，$\alpha = 0$，$\delta = 0$ 时，则库仑主动土压力系数公式与朗肯主动土压力系数公式相同。

E_a 作用方向与墙背法线成 δ 角，其作用点在墙高的 1/3 处。

6.4.2 库仑被动土压力的计算公式

若挡土墙在外力作用下推向填土，当墙后土体达到极限平衡状态时，假定滑动面为 BC 面，如图 6.9 所示。

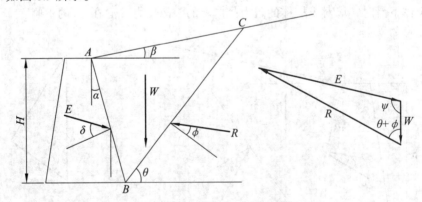

图 6.9 库仑被动土压力法求解示意图

同理作用于滑楔体 ABC 上的力有：

（1）土楔体的自重 $G = \Delta ABC \cdot \gamma$，$\gamma$ 为填土的重度，只要破坏面 BC 的位置一确定，G 的大小就是已知值，其方向向下。

（2）破坏面 BC 上的反力 R，其大小是未知的。反力 R 与破坏面 BC 的法线 N_1 之间的夹角等于土的内摩擦角 φ，并位于 N_1 的上侧。

（3）墙背对土楔体的反力 E，与它大小相等、方向相反的作用力就是墙背上土压力。反力 E 的方向必与墙背的法线 N_2 成 δ 角，δ 角为墙背与填土之间的摩擦角，称为外摩擦角。当土体向上挤出隆起，反力 E 必在 N_2 的上侧。

这样得到滑楔体 ABC 的力矢三角形如图 6.9 所示，由正弦定理，并求极值，可得库仑被动土压力的计算公式为：

$$E_{\mathrm{p}} = \frac{1}{2}\gamma H^2 K_{\mathrm{p}}$$

其中：K_{p} 称为库仑被土压力系数。计算公式如下。

$$K_{\mathrm{p}} = \frac{\cos^2(\phi + \alpha)}{\cos^2\alpha\cos(\alpha - \delta)\left[1 - \sqrt{\dfrac{\sin(\phi + \delta)\sin(\phi + \beta)}{\cos(\alpha - \delta)\cos(\alpha - \beta)}}\right]^2}$$

E_{p} 的作用方向与墙背法线成 δ 角，被动土压力强度沿墙高直线分布。

6.4.3 几种特殊情况下的土压力计算

1. 地面荷载作用下的库仑土压力

挡土墙后的土体表面常作用有不同形式的荷载，这些荷载将使作用在墙背上的土压力增大。土体表面若有满布的均布荷载 q，可将均布荷载换算为土体的当量厚度 $h_0 = \dfrac{q}{\gamma}$（γ 为土体重度），然后再用无荷载作用时的情况求出土压力强度和总土压力。

2. 成层土体中的库仑主动土压力

当墙后土体成层分布且具有不同的物理力学性质时，常用近似方法计算土压力。假设各层土的分层面与土体表面平行，自上而下按层计算土压力，求下层土的土压力时可将上面各层土的重量当作均布荷载对待。

3. 黏性土中的库仑土压力

黏性土中的库仑土压力可用等代内摩擦角法计算。就是将黏性土的黏聚力折算成内摩擦角，经折算后的内摩擦角称为等效内摩擦角或等值内摩擦角，用 φ_{D} 表示，目前工程中采用下面两种方法来计算 φ_{D}。

（1）根据抗剪强度相等的原理，等效内摩擦角 φ_{D} 可从土的抗剪强度曲线上，通过作用于基坑底面标高上的土中垂直应力 σ_{t} 求出。

$$\varphi_{\mathrm{D}} = \arctan\left(\tan\varphi + \frac{c}{\sigma_{\mathrm{t}}}\right)$$

（2）根据土压力相等的概念来计算等效内摩擦角 φ_{D}：

$$\varphi_{\mathrm{D}} = 2\left\{45° - \arctan\left[\tan\left(45° - \frac{\varphi}{2}\right) - \frac{2c}{\gamma H}\right]\right\}$$

4. 车辆荷载作用下的土压力计算

在桥台或挡土墙设计时，应考虑车辆荷载引起的土压力。其计算原理是按照库仑土压力理论，把填土破坏棱体（即滑动楔体）范围内的车辆荷载，用一个均布荷载（或换算成等代均布土层）来代替，然后用库仑土压力公式计算。

6.5　两种土压力的比较

朗肯土压力理论和库仑土压力理论分别根据不同的假设，以不同的分析方法计算土压力，只有在最简单的情况下（$\alpha=0$，$\beta=0$，$\delta=0$），用这两种理论计算结果才相同，否则将得出不同的结果。

朗肯土压力理论应用半空间中的应力状态和极限平衡理论的概念比较明确，公式简单，便于记忆，对于黏性土、粉土和无黏性土都可以用公式直接计算，故在工程中得到广泛应用。但为了使墙后的应力状态符合半空间的应力状态，必须假设墙背是直立的、光滑的，墙后填土是水平的，因而其他情况时计算繁杂，并由于该理论忽略了墙背与填土之间的摩擦影响，使计算的主动土压力偏大，而计算的被动土压力偏小。

库仑土压力理论根据墙后滑动土楔的静力平衡条件推导得出土压力计算公式，考虑了墙背与土之间的摩擦力，并可用于墙背倾斜、填土面倾斜的情况，但由于该理论假设填土是无黏性土，因此不能用库仑理论的原始公式直接计算黏性土或粉土的土压力。库仑理论假设墙后填土破坏时，破坏面是一平面，而实际上却是一曲面，实验证明，在计算主动土压力时，只有当墙背的斜度不大，墙背与填土之间的摩擦角较小时，破坏面才接近一平面，因此，计算结果与按曲线滑动面计算的有出入。在通常情况下，这种偏差在计算主动土压时一般为 20% ~ 10%，可以认为已满足实际工程所要求的精度。

第 7 章　土坡稳定分析

土坡是指具有倾斜坡面的土体。当土坡的顶面与底面都是水平的，并延伸至无穷远，且由均质土组成时，称为简单土坡。下图给出了简单土坡的外形和各部分的名称。土木工程中经常遇到各类土坡，包括天然土坡（山坡、河岸、湖边等）、人工土坡（基坑开挖、填筑路基、堤坝等），如果这些土坡处理不当，一旦失稳产生滑坡，不仅影响工程进度，甚至危及生命安全，所以土坡稳定问题是土木工程建设中十分重要的问题。

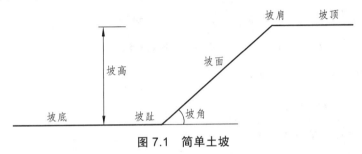

图 7.1　简单土坡

影响土坡稳定的因素多种，包括土坡的边界条件、土质条件和外界条件等，但其根本原因在于土体内部某个面上的剪应力达到了抗剪强度，使稳定平衡遭到破坏。

土坡滑动失稳的原因一般有以下两类情况：

（1）外界力的作用破坏了土体内原来的应力平衡状态。如基坑的开挖，由于地基内自身重力发生变化，改变了土体原来的应力平衡状态；又如路堤的填筑、土坡顶面上作用外荷载、土体内水的渗流、地震力的作用等也都会破坏土体内原有的应力平衡状态，导致土坡坍塌。

（2）土的抗剪强度由于受到外界各种因素的影响而降低，促使土坡失稳破坏。如：外界气候等自然条件的变化，使土时干时湿、收缩膨胀、冻结、融化等，从而使土变松，强度降低；土坡内因雨水的浸入使土湿化，强度降低；土坡附近因打桩、爆破或地震力的作用将引起土的液化或触变，使土的强度降低。

7.1　无黏性土坡的稳定性分析

在分析无黏性土坡稳定性时，一般均假定滑动面是平面。

图 7.2 所示为一简单无黏性土坡，坡角为 β，砂土内摩擦角为 φ，土坡高为 H。若假定滑动面是通过坡脚 A 的平面 AC，AC 的倾角为 α，则可计算滑动土体 ABC 沿 AC 面上滑动的稳定安全系数 K 值。

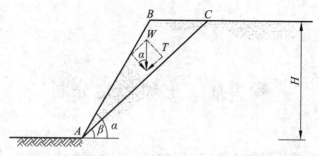

图 7.2　无黏性土坡的稳定分析

沿土坡长度方向截取单位长度土坡，作为平面应变问题分析。已知滑动土体 ABC 的重力为：

$$W = \gamma \times (\triangle ABC)$$

W 在滑动面 AC 上的平均法向分力 N 及由此产生的抗滑力 T_f 为：

$$N = W \cos \alpha , \quad T_f = N \tan \varphi = W \cos \alpha \tan \varphi$$

W 在滑动面 AC 上产生的平均下滑力 T 为：

$$T = W \sin \alpha$$

土坡的滑动稳定安全系数 K 为：

$$K = \frac{T_f}{T} = \frac{W \cos \alpha \tan \varphi}{W \sin \alpha} = \frac{\tan \varphi}{\tan \alpha}$$

安全系数 K 随倾角 α 而变化，当 $\varphi = \alpha$ 时滑动稳定安全系数最小。据此，砂性土土坡的滑动稳定安全系数可取为：

$$K = \frac{\tan \varphi}{\tan \beta}$$

工程中一般要求 $K \geqslant 1.25 \sim 1.30$。上述安全系数公式表明，砂性土坡所能形成的最大坡角就是砂土的内摩擦角，根据这一原理，工程上可以通过堆砂锥体法确定砂土的内摩擦角（也称为砂土的自然休止角）。

7.2　黏性土坡的稳定性分析

在分析黏性土坡稳定性时，常常假定土坡是沿着圆弧破裂面滑动，以简化土坡稳定验算的方法。

7.2.1　均质土坡的整体稳定分析法

对于均质简单土坡，其圆弧滑动体的稳定分析可采用整体稳定分析法进行。

分析图 7.3 所示均质简单土坡，若可能的圆弧滑动面为 AD，其圆心为 O，滑动圆弧

半径为 R。滑动土体 $ABCD$ 的重力为 W，它是促使土坡滑动的滑动力。沿着滑动面 AD 上分布土的抗剪强度 τ_f 将形成抗滑力 T_f。将滑动力 W 及抗滑力 τ_f 分别对滑动面圆心 O 取矩，得滑动力矩 M_s 及抗滑力矩 M_r 为：

$$M_s = W \cdot a$$

$$M_r = T_f \cdot R = \tau_f \widehat{L} R$$

式中 a 为 W 对 O 点的力臂（m）；$\widehat{L}$ 为滑动圆弧 AD 的长度（m）。

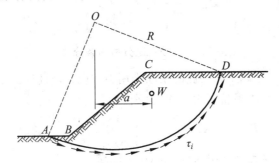

图 7.3 均质土坡的整体稳定分析

土坡滑动的稳定安全系数 K 可以用抗滑力矩 M_r 与滑动力矩 M_s 的比值表示，即：

$$K = \frac{M_r}{M_s} = \frac{\tau_f \widehat{L} R}{W \cdot a}$$

由于滑动面上的正应力 σ 是不断变化的，上式中土的抗剪强度 τ_f 沿滑动面 AD 上的分布是不均匀的，因此直接按上式计算土坡的稳定安全系数有一定误差。另外，滑动面 AD 是任意假定的，需要试算许多个可能的滑动面，找出最危险的滑动面即相应于最小稳定安全系数 $K_{\min}$ 的滑动面。

7.2.2 黏性土土坡稳定分析的瑞典条分法

由于整体分析法对于非均质的土坡或比较复杂的土坡（如土坡形状比较复杂，或土坡上有荷载作用，或土坡中有水渗流时等）均不适用，费伦纽斯（W. Fellenius.1927）等提出了黏性土土坡稳定分析的条分法，即瑞典条分法。

1. 瑞典条分法的基本原理

如图 7.4 所示土坡，取单位长度土坡按平面问题计算。设可能的滑动面是一圆弧 AD，其圆心为 O，半径为 R。将滑动土体 $ABCDA$ 分成许多竖向土条，土条宽度一般可取 $b = 0.1R$。

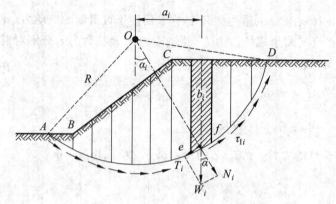

图 7.4　土坡稳定分析的条分法

瑞典条分法假设不考虑土条两侧的条间作用力效应，由此得出土条 i 上的作用力对圆心 O 产生的滑动力矩 M_s 及抗滑力矩 M_r 分别为：

$$M_s = T_i R_i = W_i R \sin \alpha_i$$

$$M_r = \tau_{fi} l_i R = (W_i \cos \alpha_i \tan \varphi_i + c_i l_i) R$$

而整个土坡相应于滑动面 AD 时的稳定安全系数为：

$$K = \frac{M_r}{M_s} = \frac{\sum_{i=1}^{n} (W_i \cos \alpha_i \tan \varphi_i + c_i l_i)}{\sum_{i=1}^{n} W_i \sin \alpha_i}$$

条分法中土条 i 上的作用力计算公式推导过程：

任一土条 i 上的作用力包括：土条的重力 W_i，其大小、作用点位置及方向均已知；滑动面 ef 上的法向反力 N_i 及切向反力 T_i，假定 N_i，T_i 作用在滑动面 ef 的中点，它们的大小均未知；土条两侧的法向力 E_i，E_{i+1} 及竖向剪切力 X_i，X_{i+1}，其中 E_i 和 X_i 可由前一个土条的平衡条件求得，而 E_{i+1} 和 X_{i+1} 的大小未知，E_{i+1} 的作用点位置也未知。

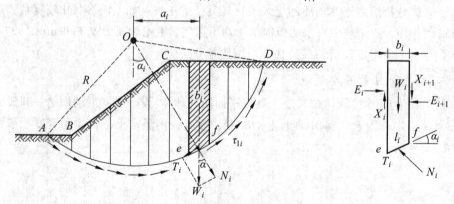

图 7.5　条分法计算图式

由此看到，土条 i 的作用力中有 5 个未知数，但只能建立 3 个平衡条件方程，故为非静定问题。为了求得 N_i，T_i 值，必须对土条两侧作用力的大小和位置作适当假定。瑞典条分法假设不考虑土条两侧的作用力，亦即假设 E_i 和 X_i 的合力等于 E_{i+1} 和 X_{i+1} 的合力，同时它们的作用线重合，因此土条两侧的作用力相互抵消。这时土条 i 仅有作用力 W_i，N_i 及 T_i，根据平衡条件可得：

$$N_i = W_i \cos \alpha_i , \quad T_i = W_i \sin \alpha_i$$

滑动面 ef 上土的抗剪强度为：

$$\tau_{\text{fi}} = \sigma_i \tan \varphi_i + c_i = \frac{1}{l_i}(N_i \tan \varphi_i + c_i l_i) = \frac{1}{l_i}(W_i \cos \alpha_i \tan \varphi_i + c_i l_i)$$

式中　α_i——土条 i 滑动面的法线（亦即半径）与竖直线的夹角（°）；

　　　l_i——土条 i 滑动面 ef 的弧长（m）；

　　　c_i，φ_i——滑动面上土的黏聚力及内摩擦角。

于是土条 i 上的作用力对圆心 O 产生的滑动力矩 M_s 及抗滑力矩 M_r 分别为：

$$M_s = T_i R_i = W_i R \sin \alpha_i$$

$$M_r = \tau_{\text{fi}} l_i R = (W_i \cos \alpha_i \tan \varphi_i + c_i l_i) R$$

2. 最危险滑动面圆心位置的确定

上述稳定安全系数 K 是对于某一个假定滑动面求得的，因此需要试算许多个可能的滑动面，相应于最小安全系数的滑动面即为最危险滑动面。也可以采用如下费伦纽斯提出的近似方法确定最危险滑动面圆心位置，但当坡形复杂时，一般还是采用电算搜索的方法确定。

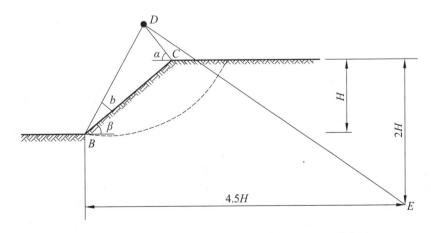

图 7.6　费伦纽斯近似确定最危险滑动面圆心位置的方法

7.3 关于土坡稳定分析的几个问题

1. 挖方边坡与天然边坡

天然地层的土质与构造比较复杂，这些土坡与人工填筑土坡相比，性质上有所不同。对于正常固结及超固结黏土土坡，按上述的稳定分析方法，得到安全系数，比较符合实测结果。但对于超固结裂隙黏土土坡，采用与上述相同的分析方法，会得出不正确的结果。

2. 土的抗剪强度指标值的选用

土的抗剪强度指标值选用应合理。指标值过高，有发生滑坡的可能；指标值过低，没有充分发挥土的强度，就工程而言，不经济；实际工程中，应结合边坡的实际加荷情况、填料的性质和排水条件等，合理地选用土的抗剪强度指标。

如果能准确知道土中孔隙水压力分布，采用有效应力法比较合理。重要的工程应采用有效强度指标进行核算。对于控制土坡稳定的各个时期，应分别采用不同试验方法的强度指标。

3. 安全系数的选用

影响安全系数的因素很多，如抗剪强度指标的选用、计算方法和计算条件的选择等。工程等级愈高，所需要的安全系数愈大。

目前，对于土坡稳定的安全系数，各个部门有不同的规定。同一边坡稳定分析，选用不同的试验方法、不同的稳定分析方法，会得到不同的安全系数。

第8章 地基承载力

建筑物荷载通过基础作用于地基上，如果荷载过大，超过了基础下持力层所能承受的能力而使地基产生滑动破坏。地基承载力就是地基所能承受荷载的能力。

8.1 概　述

8.1.1 地基承载力的概念

建筑物荷载作用在地基上，对地基提出两方面的要求：

（1）变形要求：变形在允许变形要求范围内。

（2）稳定要求：基底压力在地基承载能力范围内。

地基承载力：地基所能承受荷载的能力。

8.1.2 地基剪切破坏的三种形式

1. 整体剪切破坏

地基内产生塑性变形区，随着荷载增加塑性变形区发展成连续的滑动面，达到极限荷载后，基础急剧下沉，可能向一侧倾斜，基础两侧地面明显隆起。

2. 局部剪切破坏

塑性变形区不延伸到地面，限制在地基内部某一区域内，达到极限荷载后，基础两侧地面微微隆起。

3. 冲剪破坏

地基不出现明显连续滑动面，荷载达到极限荷载后，基础两侧地面不隆起，而是下陷。

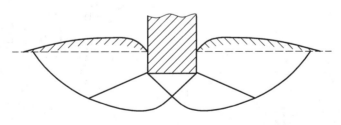

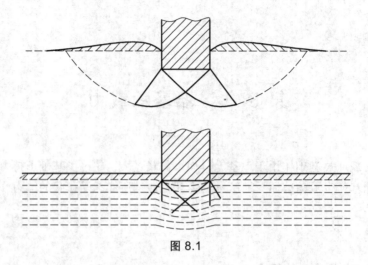

图 8.1

8.1.3 整体剪切破坏的三个阶段

1. 线性变形阶段及其变形特点

Oa 段，上部荷载小，主要产生压缩变形，荷载与沉降关系接近于直线，土中 $t > t_f$，地基处于弹性平衡状态。

2. 弹塑性变形阶段及其变形特点

ab 段，荷载增加，荷载与沉降关系呈曲线，地基中局部产生剪切破坏，出现塑性变形区。

3. 塑性破坏阶段及其变形特点

bc 段，塑性区扩大，发展成连续滑动面，荷载增加，沉降急剧增加。

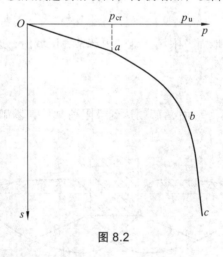

图 8.2

8.2 按塑性区开展范围确定地基承载力

为了保持地基稳定，将地基中的剪切破坏区限制在某一范围之内，确定其相应的承载力,地基变形的剪切阶段也是土中塑性区范围随着作用荷载的增加而不断发展的阶段。

8.2.1 塑性区发展范围

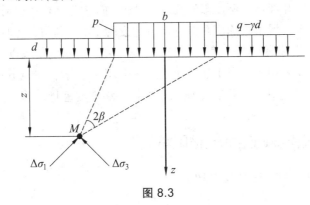

图 8.3

在某一基底压力 p 作用下,地基中任意点 M 的附加大、小主应力为:

$$\begin{matrix} \Delta\sigma_1 \\ \Delta\sigma_3 \end{matrix} = \frac{p-\gamma d}{\pi}(2\beta \pm \sin 2\beta)$$

假定在极限平衡区土的静止侧压力系数 $K_0 = 1$,自重应力与附加应力可以在任意方向叠加,因此 M 点大、小主应力为:

$$\begin{matrix} \sigma_1 \\ \sigma_3 \end{matrix} = \frac{p-\gamma d}{\pi}(2\beta \pm \sin 2\beta) + \gamma(z+d)$$

M 点达到极限平衡状态时,M 点处的大、小主应力满足极限平衡条件:

$$\sigma_1 = \sigma_3 \tan^2\left(45° + \frac{\varphi}{2}\right) + 2c\tan\left(45° + \frac{\varphi}{2}\right)$$

经过整理得到,当地基中出现塑性区,相应塑性区的边界方程为:

$$z = \frac{p-\gamma d}{\gamma\pi}\left(\frac{\sin 2\beta}{\sin\varphi} - 2\beta\right) - \frac{c}{\gamma\tan\varphi} - d$$

塑性区最大开展深度:

$$z_{\max} = \frac{p-\gamma d}{\gamma\pi}\left(\cot\varphi - \frac{\pi}{2} + \varphi\right) - \frac{c}{\gamma\tan\varphi} - d$$

根据塑性区开展的最大深度 $z_{\max}$,可以确定地基所能承受的临塑荷载和临界荷载。

$$p = \frac{\gamma\pi z_{\max}}{\cot\varphi - \frac{\pi}{2} + \varphi} + \gamma d\left[1 + \frac{\pi}{\cot\varphi - \frac{\pi}{2} + \varphi}\right] + c\left[\frac{\pi\cot\varphi}{\cot\varphi - \frac{\pi}{2} + \varphi}\right]$$

8.2.2 临塑荷载与临界荷载

临塑荷载 p_{cr}：当塑性区开展最大深度 $z_{max} = 0$ 时，地基所能承受的基底附加压力。

$p_{1/3}$：当塑性区开展最大深度限制在基础宽度的 1/3 范围内，此时相应的临界荷载。

$p_{1/4}$：当塑性区开展最大深度限制在基础宽度的 1/4 范围内，此时相应的临界荷载。

注意：在公式实际运用中，第一项的 γ 与 b 有关，应采用基底以下土的重度；第二项的 γ 与 d 有关，应采用基底以上土的重度，一般用 γ_0 表示。在地下水位以下土的重度一律采用浮重度。若地基土分层，则应采用加权平均重度进行计算。

8.3 按极限荷载确定地基极限承载力

8.3.1 普朗特尔极限承载力理论

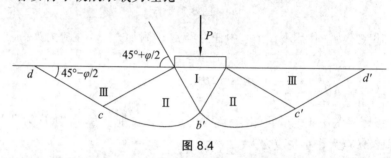

图 8.4

1920 年，普朗特尔根据塑性理论，在研究刚性物体压入均匀、各向同性、较软的无重量介质时，导出达到破坏时的滑动面形状及极限承载力公式

$$p_u = cN_c$$

普朗特尔根据极限平衡理论，考虑到基础有一定埋深 d，基底下是无重量土（$\gamma = 0$）时地基极限承载力

$$p_u = cN_c + \gamma_0 dN_q$$

8.3.2 太沙基极限承载力理论

在普朗特尔极限承载力理论基础上，考虑基础底面粗糙，存在摩擦力，能阻止基底土发生剪切位移，因此基底以下土不会发生破坏，处于弹性平衡状态。条形浅基础极限承载力

$$p_u = 1/2\gamma bN_r + \gamma_0 dN_q + cN_c$$

8.3.3 汉森极限承载力理论

汉森考虑荷载倾斜、基础形状以及基础埋深等因素对地基承载力的影响，提出相应的系数，得到汉森极限承载力。

$$p_u = 1/2\gamma bN_r i_r s_r d_r + \gamma_0 dN_q i_q s_q d_q + cN_c i_c s_c d_c$$

8.4 按原位测试成果确定地基承载力

8.4.1 现场载荷试验

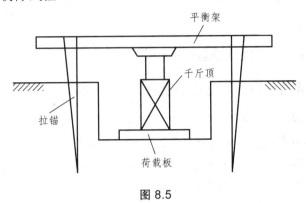

图 8.5

利用现场载荷板试验，得到压力与沉降关系的 $p\text{-}s$ 曲线，通过分析 $p\text{-}s$ 曲线的特征确定相应的地基承载力。

8.4.2 静力触探试验

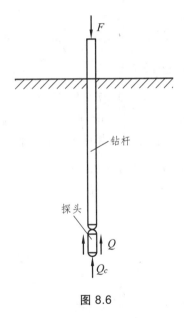

图 8.6

用静压力将装有探头的触探器压入土中，通过压力传感器及电阻应变仪测出土层对探头的贯入阻力。利用比贯入阻力和地基承载力建立的关系，确定相应地基土的承载力。比贯入阻力公式如下：

$$p_s = \frac{Q_c + Q_f}{A}$$

8.4.3 标准贯入试验

利用标贯击数和地基承载力建立的关系，可以得到相应标准贯入击数下的地基承载力。

8.5 按地基规范确定地基承载力

8.5.1 按抗剪强度指标确定地基承载力

1. 确定强度指标的标准值

（1）根据室内 n 组试验结果，计算土性指标的平均值 u、标准差 σ 和变异系数 δ。

（2）计算内摩擦角和黏聚力的统计修正系数 ψ_φ，ψ_c。

（3）计算内摩擦角和黏聚力的标准值 (c_k, φ_k)。

$$c_k = \psi_c u_c, \quad \varphi_k = \psi_p u_p$$

2. 承载力特征值确定

利用强度指标的标准值，查相应规范得到承载力系数 M_b，M_d，M_c，相应地基承载力特征值为

$$f_a = M_b \gamma b + M_d \gamma_m d + M_c c_k$$

8.5.2 地基承载力特征值的修正

《建筑地基基础设计规范》（GB 50007—2002）规定，当基础的宽度 b 大于或等于 3 m，以及基础的埋置深度 d 大于或等于 0.5 m 时，从载荷试验或其他原位测试、经验值等方法确定的地基承载力特征值应进行相应的修正，修正公式如下：

$$f_a = f_{ak} + \eta_b \gamma (b - 3) + \eta_d \gamma_0 (d - 0.5)$$

第9章 土工试验

9.1 室内土工试验

9.1.1 土的含水率试验

土的含水率是土在 105～110 ℃ 温度下烘至恒量时所失去水的质量与恒量后干土质量的比值，以百分数表示。本试验以烘干法为测定含水率的标准方法。

1. 烘干法

本方法用于测定黏质土、粉质土、砂类土、砂砾石、有机质土和冻土的含水率。本方法为测定含水率的标准方法。

1）仪器设备

烘箱：可采用电热烘箱或温度能保持 105～110 ℃ 的其他能源烘箱。

天平：称量 200 g，感量 0.01 g；称量 1 000 g，感量 0.1 g。

称量盒：直径 50 mm，高 30 mm；长 200 mm，宽 100 mm，高 40 mm。

2）试验步骤

（1）取具有代表性试样质量（见表 9.1）放入称量盒内，立即盖好盒盖，将盒外附着土擦净后称盒与湿土总质量，结果减去盒质量为湿土质量。

表 9.1　烘干法所需试样质量

土样分类	取土质量/g
细粒土	15～30
砂类土、有机质土	50
砂砾石	1 000～2 000

（2）揭开盒盖，将试样和盒放入烘箱内，烘干温度与时间见表 9.2。

表 9.2　试样烘干温度与时间

土样分类	烘干温度/℃	烘干时间/h
细粒土	105～110	≥8
砂类土	105～110	≥6
有机质含量超过 5% 的土	60～70	12～15

（3）将烘干后试样和盒取出，放入干燥器内冷却。冷却后盖好盒盖，称盒与干土总质量，结果减去盒质量为干土质量。

3）结果整理

（1）含水率计算公式：

$$w = \frac{m - m_s}{m_s} \times 100$$

式中　w——含水率（%），计算至0.1；

　　　　m——湿土质量（g）；

　　　　m_s——干土质量（g）。

（2）试验记录见表9.3：

表9.3　含水率试验记录（烘干法）

工程编号＿＿＿＿＿＿＿＿＿　　　　试验者＿＿＿＿＿＿＿＿＿

土样说明＿＿＿＿＿＿＿＿＿　　　　计算者＿＿＿＿＿＿＿＿＿

试验日期＿＿＿＿＿＿＿＿＿　　　　校核者＿＿＿＿＿＿＿＿＿

盒　号	编号	1	2	3	4
盒质量/g	（1）				
盒＋湿土质量/g	（2）				
盒＋干土质量/g	（3）				
水分质量/g	（4）=（2）－（3）				
干土质量/g	（5）=（3）－（1）				
含水率/%	(6)=$\frac{(4)}{(5)}$				
平均含水率/%	（7）				

（3）精密度和允许差：

本试验须进行二次平行测定，取算术平均值，允许平行差值应符合表9.4规定。

表9.4　含水率测定的允许平行差值

含水率/%	允许平行差值/%	含水率/%	允许平行差值/%
5 以下	0.3	40 以上	≤2
40 以下	≤1	对层状和网状构造的冻土	< 3

4）报　告

出具包括土的鉴别分类和代号，土的含水率值报告。

2．酒精燃烧法

本方法用于快速简易测定细粒土（含有机质的土除外）的含水率。

1）仪器设备

称量盒；天平：感量 0.01 g；酒精：纯度 95%；滴管、火柴、调土刀等。

2）试验步骤

（1）取代表性试样（黏质土 5～10 g，砂类土 20～30 g），放入称量盒内，称湿土质量，准确至 0.01 g。

（2）用滴管将酒精注入放有试样的称量盒中，直至盒中出现自由液面为止。为使酒精在试样中充分混合均匀，可将盒底在桌面上轻轻敲击。

（3）点燃盒中酒精，燃至火焰熄灭。

（4）将试样冷却数分钟，按本试验（3）、（4）方法再重新燃烧两次。

（5）待第三次火焰熄灭后，立即称干土质量，准确至 0.01 g。

3）结果整理

（1）含水率计算公式：

$$w = \frac{m - m_s}{m_s} \times 100$$

式中　w——含水率（%），计算至 0.1；

　　　m——湿土质量（g）；

　　　m_s——干土质量（g）。

（2）试验记录见表 9.5：

表 9.5　含水率试验记录（酒精燃烧法）

工程编号＿＿＿＿＿＿＿＿＿＿　　　　试验者＿＿＿＿＿＿＿＿＿＿

土样说明＿＿＿＿＿＿＿＿＿＿　　　　计算者＿＿＿＿＿＿＿＿＿＿

试验日期＿＿＿＿＿＿＿＿＿＿　　　　校核者＿＿＿＿＿＿＿＿＿＿

盒　号	编号	1	2	3	4
盒质量/g	（1）				
盒＋湿土质量/g	（2）				
盒＋干土质量/g	（3）				
水分质量/g	（4）＝（2）－（3）				
干土质量/g	（5）＝（3）－（1）				
含水率/%	$(6) = \dfrac{(4)}{(5)}$				
平均含水率/%	（7）				

（3）精密度和允许差：

101

本试验须进行二次平行测定，取算术平均值，允许平行差值与烘干法允许平行差值规定相同。

4）报　告

出具包括土的鉴别分类和代号，土的含水率值报告。

9.1.2　土的密度试验

本试验的目的是测定土的密度，用于计算土的干密度、孔隙比、孔隙率、饱和度等指标。

1. 环刀法

本试验方法用于测定不含砾石颗粒的细粒土的密度。本方法操作简便而准确，在室内和野外普遍使用。

1）仪器设备

环刀：

室内：内径 6～8 cm，高 2～5.4 cm，壁厚 1.5～2.2 cm。

野外：径高比 1～1.5，容积 200～500 cm³。

天平：感量 0.1 g。

其他：修土刀、钢丝锯、凡士林等。

2）试验步骤

（1）按工程需要取原状土或制备所需状态的扰动土样，整平两端，环刀内壁涂一薄层凡士林，刀口向下放在土样上。

（2）用修土刀将土样上部削成略大于环刀直径的土柱，将环刀垂直下压，边压边削，至土样伸出环刀上部为止。削去两端余土，使土样与环刀口齐平，并用剩余土样测定含水率。

（3）擦净环刀外壁，称环刀与土总质量，准确至 0.1 g。

3）结果整理

（1）湿密度和干密度计算公式：

$$\rho = \frac{m_1 - m_2}{V}$$

$$\rho_d = \frac{\rho}{1 + 0.01w}$$

式中　ρ——湿密度（g/cm³），计算至 0.01；

　　　m_1——环刀与土总质量（g）；

　　　m_2——环刀质量（g）；

　　　V——环刀体积（cm³）；

　　　ρ_d——干密度（g/cm³），计算至 0.01；

　　　w——含水率（%）。

102

（2）试验记录见表9.6。

表9.6　密度试验记录（环刀法）

土样编号		1		2		3	
环刀号		1	2	1	2	1	2
环刀容积/cm³	（1）						
环刀质量/g	（2）						
土＋环刀质量/g	（3）						
土样质量/g	（4）	(3)－(2)					
湿密度/(g/cm³)	（5）	$\dfrac{(4)}{(1)}$					
含水率/%	（6）						
干密度/(g/cm³)	（7）	$\dfrac{(5)}{1+0.01(6)}$					
平均干密度/(g/cm³)	（8）						

（3）精密度和允许差：

本试验须进行二次平行测定，取算术平均值，其平行差值不得大于0.03 g/cm³。

4）报　告

出具包括土的鉴别分类和状态描述、土的含水率、土的湿密度、干密度报告。

2．灌水法

本试验方法用于现场测定粗粒土和巨粒土特别是后者的密度，从而可为粗粒土和巨粒土最大干密度试验提供施工现场检验密实度的手段。

1）仪器设备

座板：中部开有圆孔，外沿呈方形或圆形的铁板，圆孔处设有环套，套孔的直径为土中所含最大石块粒径的3倍，环套高度为其粒径的5%。

薄膜：基乙烯塑料薄膜。

储水桶：直径均匀并附有刻度。

台秤：称量50 kg，感量5 g。

其他：铁铲、铁镐、水准仪等。

2）试验步骤

（1）根据试样最大粒径按表9.7确定试坑尺寸。

表9.7　试坑尺寸

试样最大粒径/mm	试坑尺寸	
	直径/mm	深度/mm
5～20	150	200
40	200	250
60	250	300
200	800	1 000

（2）按确定的试坑直径画出坑口轮廓线。将测点处的地表整平，地表的浮土、石块、杂物等应予铲除，坑凹不平处用砂铺整。用水准仪检查地表是否水平。

（3）将座板固定于整平后的地表。将聚乙烯塑料膜沿环套内壁及地表紧贴铺好。记录储水桶初始水位高度，拧开储水桶的注水开关，从环套上方将水缓缓注入，至刚满不外溢为止。记录储水桶水位高度，计算座板部分的体积。在保持座板原固定状态下，将薄膜盛装的水排至对该试验不产生影响的场所，然后将薄膜揭离底板。

（4）在轮廓线内下挖至要求深度，将落于坑内的试样装入盛土容器中，并测定含水率。

（5）用挖掘工具沿底板上的孔挖试坑，为了使坑壁与塑料薄膜易于紧贴，对坑壁需加以整修。将塑料薄膜沿坑底、坑壁密贴铺好。在往薄膜形成的袋内注水时，牵住薄膜的某一部位，一边拉松一边注水，使薄膜与坑壁间的空气得以排除，从而提高薄膜与坑壁的密贴程度。

（6）记录储水桶内初始水位高度，拧开储水桶的注水开关，将水缓缓注入塑料薄膜中。当水面接近环套的上边缘时，将水流调小，直至水面与环套上边缘齐平时关闭注水管，持续 3~5 min，记录储水桶内水位高度。

3）结果整理

（1）整体含水率：

$$w = w_f p_f + w_c (1 - p_f)$$

式中　w——整体含水率（%），计算至 0.01；

　　　w_f——细粒土部分的含水率（%）；

　　　w_c——石料部分的含水率（%）；

　　　p_f——细粒料的干质量与全部材料干质量之比。

细粒料与石块的划分以粒径 60 mm 为界。

（2）底板部分的容积：

$$V_1 = (h_1 - h_2) A_w$$

式中　V_1——座板部分的容积（cm³），计算至 0.01；

　　　A_w——储水桶断面积（cm²）；

　　　h_1——储水桶内初始水位高度（cm）；

　　　h_2——储水桶内注水终了时水位高度（cm）。

（3）试坑容积：

$$V_p = (H_1 - H_2) A_w - V_1$$

式中　V_p——试坑容积（cm³），计算至 0.01；

　　　V_1——座板部分的容积（cm³）；

　　　A_w——储水桶断面积（cm²）；

　　　H_1——储水桶内初始水位高度（cm）；

H_2——储水桶内注水终了时水位高度（cm）。

（4）试样湿密度：

$$\rho = \frac{m_p}{V_p}$$

式中 ρ——试样湿密度（g/cm^3），计算至0.01；

m_p——取自试坑内的试样质量（g）。

（5）试验记录见表9.8：

表9.8 灌水法密度试验记录

工程名称＿＿＿＿＿＿＿＿＿＿　　　试　验　者＿＿＿＿＿＿＿＿＿＿

土样编号＿＿＿＿＿＿＿＿＿＿　　　计　算　者＿＿＿＿＿＿＿＿＿＿

试坑深度＿＿＿＿＿＿＿＿＿m　　　校　核　者＿＿＿＿＿＿＿＿＿＿

试样最大粒径＿＿＿＿＿＿＿＿mm　　试验日期＿＿＿＿＿＿＿＿＿＿

测　点				1	2
座板部分注水前储水桶水位高度	h_1　　cm	（1）			
座板部分注水后储水桶水位高度	h_2　　cm	（2）			
储水桶断面积	A_w　　cm^2	（3）			
底板部分的容积	$V_1 = (h_1 - h_2)A_w$　　cm^3	（4）	$[(1)-(2)]\times(3)$		
试坑注水前储水桶水位高度	H_1　　cm	（5）			
试坑注水后储水桶水位高度	H_2　　cm	（6）			
试坑容积	$V_p = (H_1 - H_2)A_w - V_1$　　cm^3	（7）	$[(5)-(6)]\times(3)-(4)$		
取自试坑内的试样质量	m_p　　g	（8）			
试样湿密度	$\rho = \frac{m_p}{V_p}$	（9）	$\frac{(8)}{(7)}$		

105

测　点				1	2
细粒土部分含水率	w_f ％	（10）			
石料部分含水率	w_c ％	（11）			
细粒料干质量与全部干质量之比	p_f	（12）			
整体含水率	$w = w_f p_f + w_c(1-p_f)$ ％	（13）	$(10)\times(12)+(11)\times[1-(12)]$		
试样干密度	$\rho_d = \dfrac{\rho}{1+w}$ g/cm³	（14）	$\dfrac{(9)}{1+w}$		

（6）精密度和允许差：

本试验应进行二次平行测定，两次测定的差值不得大于 0.03 g/cm³，取两次测值的平均值

4）报　告

出具包括试样最大粒径，试坑尺寸，试样干密度报告。

9.1.3　颗粒分析试验

土的颗粒大小、级配和粒组含量是土的工程分类的重要依据。颗粒分析试验是土工基本试验之一，其成果的准确性影响土工建筑物的设计方案和稳定性。本试验是测定干土中各粒组含量占该土总质量的百分数。

1. 筛分法

本试验用于分析粒径大于 0.075 mm 并且不大于 60 mm 的土颗粒。在选用分析筛的孔径时可根据试样颗粒的粗、细情况灵活选用。

1）仪器设备

标准筛：粗筛孔径为 60 mm，40 mm，20 mm，10 mm，5 mm，2 mm；细筛孔径为 2.0 mm，1.0 mm，0.5 mm，0.25 mm，0.075 mm。

天平：称量 5 000 g，感量 5 g；称量 1 000 g，感量 1 g；称量 200 g，感量 0.2 g。

摇筛机。

其他：烘箱、筛刷、烧杯、木碾、研钵及杵等。

2）试　样

从风干、松散的土样中，用四分法按表 9.9 取出具有代表性的试样。

表 9.9　按粒径取样的质量

项　目	土样最大粒径/mm				
	小于 2	小于 10	小于 20	小于 40	大于 40
取土质量/g	100 ~ 300	300 ~ 900	1 000 ~ 2 000	2 000 ~ 4 000	4 000 以上

3）试验步骤

无凝聚性的土：

（1）按表 9.9 称取试样，将试样分批过 2 mm 筛。

（2）将大于 2 mm 的试样按从大到小的次序，通过大于 2 mm 的各级粗筛，将留在筛上的土分别称量。

（3）2 mm 筛下的土如数量过多，可用四分法缩分至 100 ~ 800 g。将试样按从大到小的次序通过小于 2 mm 的各级细筛。可用摇筛机进行振摇。振摇时间一般为 10 ~ 15 min。

（4）由最大孔径的筛开始，顺序将各筛取下，在白纸上用手轻叩摇晃，至每分钟筛下数量不大于该级筛余质量的 1% 为止。漏下的土粒应全部放入下一级筛内，并将留在各级筛上的土样用软毛刷刷净，分别称量。

（5）筛后各级筛上和筛底土总质量与筛前试样质量之差不应大于 1%。

（6）如 2 mm 筛下的土不超过试样总质量的 10%，可省略细筛分析；如 2 mm 筛上的土不超过试样总质量的 10%，可省略粗筛分析。

含有黏土粒的砂砾土：

（1）将土样放在橡皮班上，用木碾将黏结的土团充分碾散，拌匀、烘干、称量。如土样过多时，用四分法称取代表性土样。

（2）将试样置于盛有清水的瓷盆中，浸泡并搅拌，使粗细颗粒分散。

（3）将浸润后的混合液过 2 mm 筛，边冲边洗过筛，直至筛上仅留大于 2 mm 以上的土粒为止。然后，将筛上洗净的砂砾风干称量。按以上方法进行粗筛分析。

（4）通过 2 mm 筛下的混合液存放在盆中，待稍沉淀，将上部悬液过 0.075 mm 洗筛，用带橡皮头的玻璃棒研磨盆内浆液，再加清水、搅拌、研磨、静置、过筛，反复进行，直至盆内悬液澄清。最后将全部土粒倒在 0.075 mm 筛上，用水冲洗，直到筛上仅留大于 0.075 mm 净砂为止。

（5）将大于 0.075 mm 的净砂烘干称量，并进行细筛分析。

（6）将大于 2 mm 颗粒及 2 ~ 0.075 mm 的颗粒质量从原称量的总质量中减去，即为小于 0.075 mm 颗粒质量。

（7）如果小于 0.075 mm 颗粒质量超过总土质量的 10%，有必要时，将这部分土烘干、取样，另做密度计或移液管分析。

4）结果整理

（1）小于某粒径颗粒质量百分数：

$$X = \frac{A}{B} \times 100$$

式中　X——小于某粒径颗粒的质量百分数（%），计算至 0.01；

　　　　A——小于某粒径的颗粒质量（g）；

　　　　B——试样总质量（g）。

（2）当小于 2 mm 的颗粒如用四分法缩分取样时，小于某粒径颗粒质量占总土质量的百分数：

$$X = \frac{a}{b} \times p \times 100$$

式中　X——小于某粒径颗粒的质量百分数（%），计算至 0.01；

　　　　a——通过 2 mm 筛的试样中小于某粒径的颗粒质量（g）；

　　　　b——通过 2 mm 筛的土样中所取试样的质量（g）；

　　　　p——粒径小于 2 mm 的颗粒质量百分数（%）。

（3）在半对数坐标纸上，以小于某粒径颗粒质量百分数为纵坐标，以粒径（mm）为横坐标，绘制颗粒大小级配曲线，求出各粒组的颗粒质量百分数（%），以整数表示。

（4）不均匀系数：

$$C_u = \frac{d_{60}}{d_{10}}$$

式中　C_u——不均匀系数，计算至 0.1 且含两位以上有效数字；

　　　　d_{60}——限制粒径，即土中小于该粒径的颗粒质量为 60% 的粒径（mm）；

　　　　d_{10}——有效粒径，即土中小于该粒径的颗粒质量为 10% 的粒径（mm）。

（5）试验记录见表 9.10。

表 9.10　颗粒分析试验记录（筛分法）

工程名称＿＿＿＿＿＿＿＿＿＿　　　　试验者＿＿＿＿＿＿＿＿＿＿

土样编号＿＿＿＿＿＿＿＿＿＿　　　　计算者＿＿＿＿＿＿＿＿＿＿

土样说明＿＿＿＿＿＿　　试验日期＿＿＿＿＿＿　　校核者＿＿＿＿＿＿

筛前总土质量 =　　　　　　　　小于 2 mm 取试样质量 =

小于 2 mm 土质量 =　　　　　　小于 2 mm 土占总土质量 =

粗筛分析				细筛分析			
孔径/mm	累积留筛土质量/g	小于该孔径的土质量/g	小于该孔径土质量百分比/%	孔径/mm	累积留筛土质量/g	小于该孔径的土质量/g	小于该孔径土质量百分比/%	占总土质量百分比/%
				2.0				
60				1.0				
40				0.5				
20				0.25				
10				0.075				
5								
2								

108

（6）精密度和允许差。

筛后各级筛上和筛底土总质量与筛前试样质量之差不应大于1%。

5）报　告

出具包括土的鉴别分类和代号，颗粒级配曲线，不均匀系数报告。

2. 密度计法

本试验方法用于分析粒径小于0.075 mm的细粒土。本方法原理为：

小球体在水中下沉时满足：① 小球体在水中沉降的速度是恒定的；② 小球体沉降速率与球体直径 d 的平方成正比。

1）仪器设备

甲种密度计：刻度单位以20 ℃时每1 000 mL悬液内所含土质量的克数表示，刻度为 − 5 ~ 50，最小分度值为0.5 ℃。

乙种密度计：刻度单位以20 ℃时悬液的比重表示，刻度为0.995 ~ 1.020，最小分度值为0.000 2。

量筒：内径为60 mm，容积1 000 mL，高度为350 mm ± 10 mm，刻度0 ~ 1 000 mL。

细筛：孔径为2 mm、0.5 mm、0.25 mm；洗筛：孔径为0.075 mm。

洗筛漏斗：上口直径大于洗筛直径，下口直径略小于量筒内径。

天平：称量100 g，感量0.1 g；称量200 g，感量0.01 g。

搅拌器：底板直径50 mm，孔径3 mm。

煮沸设备：电热板或电砂浴。

温度计：测量范围0 ~ 50 ℃，精度0.5 ℃。

其他：离心机、烘箱、秒表、三角烧瓶（500 mL）、烧杯（400 mL）、蒸发皿、研钵、木杵、称量铝盒等。

本试验以甲种密度计为例。

2）试　剂

浓度25%氨水、氢氧化钠、草酸钠、六偏磷酸钠、焦磷酸钠等，如需洗盐，应有10%盐酸、5%氯化钡、10%硝酸、5%硝酸银及6%双氧水等。

3）试　样

试样采用风干土。土样充分碾散，通过2 mm筛。求出土样风干含水率，并按下式计算试样干质量为30 g时所需风干土质量：

$$m = m_s(1 + 0.01w)$$

式中　m ——风干土质量（g），计算至0.01；

　　　　m_s ——密度计分析所需干土质量（g）；

　　　　w ——风干土的含水率。

4）试验步骤

（1）将称好的风干土样倒入三角烧瓶中，注入蒸馏水200 mL，浸泡一夜。按《公路土工试验规程》（JTG E40—2007）规定进行分散。

109

（2）将三角烧瓶稍加摇荡后，放在电热器上煮沸 40 min。

（3）将煮沸后冷却的悬液倒入烧杯中，静置 1 min。通过洗筛漏斗将上部悬液过 0.075 mm 注入 1 000 mL 量筒中。杯中沉土用带橡皮头的玻璃棒细心研磨。再加适量水搅拌，静置 1 min，再将上部悬液过 0.075 mm 筛，倒入量筒。重复清洗直至锥形瓶中上部悬液清澈。最后所得悬液不得超过 1 000 mL。

（4）将留在筛上的砂砾洗入皿中，风干称量，计算各粒组颗粒质量占总土质量的百分数。

（5）将搅拌器放入量筒中，沿悬液深度上下搅拌 1 min，往返约 30 次，使悬液均匀分布。取出搅拌器，将密度计放入悬液中，同时开动秒表，测记 0.5 min、1 min、5 min、15 min、30 min、60 min、120 min、240 min 和 1 440 min 的密度计读数，直至小于某粒径的土重百分数小于 10% 为止。每次读数均应在预定时间前 10～20 s，将密度计放入悬液中，且接近读数的深度。保持密度计浮泡处在量筒中心，不得贴近量筒内壁。

（6）密度计读数均以弯液面上缘为准，甲种密度计应准确至 1，乙种密度计应准确至 0.001。每次读数后，应取出密度计放入盛有纯水的量筒中（0.5、1 min 时除外），并应测定相应的悬液温度计准确至 5 ℃，放入或取出密度计时，应小心轻放，不得扰动悬液。

5）结果整理

（1）小于某粒径的试样质量占试样总质量的百分比。

甲种密度计

$$X = \frac{100}{m_s} C_G (R_m + m_t + n - C_D)$$

式中　X——小于某粒径的土质量百分数（%），计算至 0.01；

　　　m_s——试样质量（干土质量）（g）；

　　　C_G——比重校正值；

　　　R_m——甲种密度计读数；

　　　m_t——温度校正值；

　　　n——刻度及弯月面校正值；

　　　C_D——分散剂校正值。

（2）土粒直径：

$$d = K\sqrt{\frac{L}{t}}$$

式中　d——土粒直径（mm），计算至 0.000 1；

　　　K——粒径计算系数，与悬液温度和土粒比重有关；

　　　L——某一时刻 t 内的土粒沉降距离（cm）；

　　　t——沉降时间（s）。

（3）以小于某粒径的颗粒百分数为纵坐标，以粒径为横坐标，在半对数纸上，绘制粒径分配曲线。求出各粒组的颗粒质量百分数，并且不大于有效粒径的数据点至少有 1 个。

（4）试验记录见表 9.11。

表 9.11　颗粒分析试验记录（甲种密度计法）

工程名称＿＿＿＿＿＿　　土粒比重＿＿＿＿＿＿　　试验者＿＿＿＿＿＿
土样编号＿＿＿＿＿＿　　比重校正值＿＿＿＿＿＿　计算者＿＿＿＿＿＿
土样说明＿＿＿＿＿＿　　密度计号＿＿＿＿＿＿　　校核者＿＿＿＿＿＿
烘干土质量＿＿＿＿＿＿g　量筒编号＿＿＿＿＿＿　　试验日期＿＿＿＿＿＿

下沉时间	悬液温度	密度计读数	温度校正值	分散剂校正值	刻度及弯液面矫正	R	R_H	土粒沉降距离	粒径	小于某粒径土质量百分数
t /min	t /°C	R_m	m_t	C_D	n	$(R_m + m_t + n - C_D)$	$C_G R$	L /cm	d /mm	X /%
0.5										
1										
5										
15										
30										
60										
120										
240										

6）报　告

出具包括土的鉴别分类和代号，颗粒分析试验记录表，土的颗粒级配曲线。

7）附　录

密度计校正包括下列内容：

刻度及弯液面校正：密度计制造时，刻度不易准确，使用前必须进行校正。另外，密度计的刻度一般以弯液面的下缘为准，而试验时密度计读数是以弯液面的上缘为准，故应进行弯液面校正。刻度及弯液面校正按《标准玻璃浮计检定规程》（JJG 86—2001）进行。

分散剂校正：密度计刻度是以纯水为标准的，当悬液中加入分散剂后，使悬液密度增大，故必须校正。

量筒内注入纯水，然后加分散剂，使量筒溶液达 1 000 mL。用搅拌器在量筒内沿整个深度上下搅拌均匀，恒温至 20 °C。然后将密度计放入溶液中，测记密度计读数。此时密度计读数与 20 °C 时纯水中读数之差，即为分散剂校正值。

土粒比重校正：密度计刻度应以土粒比重 2.65 为准。当试样土粒比重不等于 2.65 时，应进行土粒比重校正。详见表 9.12。

表 9.12　土粒比重校正值

土粒比重	校正值 C_G	土粒比重	校正值 C_G	土粒比重	校正值 C_G	土粒比重	校正值 C_G
2.50	1.038	2.60	1.012	2.70	0.989	2.80	0.969
2.52	1.032	2.62	1.007	2.72	0.985	2.82	0.965
2.54	1.027	2.64	1.002	2.74	0.981	2.84	0.961
2.56	1.022	2.66	0.998	2.76	0.977	2.86	0.958
2.58	1.017	2.68	0.993	2.78	0.973	2.88	0.954

温度校正：密度计的刻制温度时 20 ℃，悬液温度不为 20 ℃ 时，需进行温度校正。详见表 9.13。

表 9.13　悬液温度校正值

温度/℃	校正值 m_t	温度/℃	校正值 m_t	温度/℃	校正值 m_t	温度/℃	校正值 m_t
10.0	− 2.0	15.0	− 1.2	19.5	− 0.1	25.0	+ 1.7
10.5	− 1.9	15.5	− 1.1	20.0	0.0	25.5	+ 1.9
11.0	− 1.9	16.0	− 1.0	21.0	+ 0.3	26.0	+ 2.1
11.5	− 1.8	16.5	− 0.9	21.5	+ 0.5	26.5	+ 2.2
12.0	− 1.8	17.0	− 0.8	22.0	+ 0.6	27.0	+ 2.5
12.5	− 1.7	17.5	− 0.7	22.5	+ 0.8	27.5	+ 2.6
13.0	− 1.6	18.0	− 0.5	23.0	+ 0.9	28.0	+ 2.9
13.5	− 1.5	18.0	− 0.5	23.5	+ 1.1	28.5	+ 3.1
14.0	− 1.4	18.5	− 0.4	24.0	+ 1.3	29.0	+ 3.3
14.5	− 1.3	19.0	− 0.3	24.5	+ 1.5	29.5	+ 3.5
						30.0	+ 3.7

粒径计算系数：K 与悬液温度和土粒比重有关，详见表 9.14。

表 9.14 粒径计算系数

温度＼密度	5	6	7	8	9	10	11	12	13	14	15	16	17
2.45	0.138 5	0.136 5	0.134 4	0.132 4	0.130 5	0.128 8	0.127 0	0.125 3	0.123 5	0.122 1	0.120 5	0.118 9	0.117 3
2.50	0.136 0	0.134 2	0.132 1	0.130 2	0.128 3	0.126 7	0.124 9	0.123 2	0.121 4	0.120 0	0.118 4	0.116 9	0.115 4
2.55	0.133 9	0.132 0	0.130 0	0.128 1	0.126 2	0.124 7	0.122 9	0.121 2	0.119 5	0.118 0	0.116 5	0.115 0	0.113 5
2.60	0.131 8	0.129 9	0.128 0	0.126 0	0.124 2	0.122 7	0.120 9	0.119 3	0.117 5	0.116 2	0.114 8	0.113 2	0.111 8
2.65	0.129 8	0.128 0	0.126 0	0.124 1	0.122 4	0.120 8	0.119 0	0.117 5	0.115 8	0.114 9	0.113 0	0.111 5	0.110 0
2.70	0.127 9	0.126 1	0.124 1	0.122 3	0.120 5	0.118 9	0.117 3	0.115 7	0.114 1	0.112 7	0.111 3	0.109 8	0.108 5
2.75	0.126 1	0.124 3	0.122 4	0.120 5	0.118 7	0.117 3	0.115 6	0.114 0	0.112 4	0.111 1	0.109 6	0.108 3	0.106 9
2.80	0.124 3	0.122 5	0.120 6	0.118 8	0.117 1	0.115 6	0.114 0	0.112 4	0.110 9	0.109 5	0.108 1	0.106 7	0.104 7
2.85	0.122 6	0.120 8	0.118 9	0.118 2	0.116 4	0.114 1	0.112 4	0.110 9	0.109 4	0.108 0	0.106 7	0.105 3	0.103 9

温度＼密度	18	19	20	21	22	23	24	25	26	27	28	29	30
2.45	0.115 9	0.114 5	0.113 0	0.111 8	0.110 3	0.109 1	0.107 8	0.106 5	0.105 4	0.104 1	0.103 2	0.101 9	0.100 8
2.50	0.114 0	0.112 5	0.111 1	0.109 9	0.108 5	0.107 2	0.106 1	0.104 7	0.103 5	0.102 4	0.101 4	0.100 2	0.099 1
2.55	0.112 1	0.110 8	0.109 3	0.108 1	0.106 7	0.105 5	0.104 4	0.103 1	0.101 9	0.100 7	0.099 8	0.098 6	0.097 5
2.60	0.110 3	0.109 0	0.107 5	0.106 4	0.105 0	0.103 8	0.102 8	0.101 4	0.100 3	0.099 2	0.098 2	0.097 1	0.096 0
2.65	0.108 5	0.107 3	0.105 9	0.104 3	0.103 5	0.102 3	0.101 2	0.099 9	0.098 8	0.097 7	0.096 7	0.095 6	0.094 5
2.70	0.107 1	0.105 8	0.104 3	0.103 3	0.101 9	0.100 7	0.099 7	0.098 4	0.097 3	0.096 2	0.095 3	0.094 1	0.093 1
2.75	0.105 5	0.103 1	0.102 9	0.101 8	0.100 4	0.099 3	0.098 2	0.097 0	0.095 9	0.094 8	0.094 0	0.092 8	0.091 8
2.80	0.104 0	0.108 8	0.101 4	0.100 3	0.099 0	0.097 9	0.096 0	0.095 7	0.094 6	0.093 5	0.092 6	0.091 4	0.090 5
2.85	0.102 6	0.101 4	0.100 0	0.099 0	0.097 7	0.096 6	0.095 6	0.094 3	0.093 3	0.092 3	0.091 3	0.090 3	0.089 3

9.1.4 界限含水率试验

本试验主要内容是测试细粒土的液限含水率和塑限含水率，简称液限和塑限，由此获得液性指数和塑性指数，从而对土进行分类并判断天然土所处状态。

1. 液限和塑限联合测定法

本试验用于粒径不大于 0.5 mm、有机质含量不大于试样总质量 5% 的土。测定其液限和塑限，从而划分土类、计算天然稠度和塑性指数，供工程设计和施工使用。

1）仪器设备

圆锥仪：锥质量为 100 g 或 76 g，锥角为 30°，读数显示形式宜采用光电式、数码式、游标式、百分表式。

盛土杯：直径 50 mm，深度 40～50 mm。

天平：称量 200 g，感量 0.01 g。

其他：0.5 mm 孔径筛、调土刀、调土皿、称量盒、研钵、干燥器、吸管、凡士林等。

2）试验步骤

（1）取有代表性的天然含水率或风干土样进行试验。过 0.5 mm 筛取筛下土样 200 g，分开 3 份放入 3 个盛土皿中加不同数量的蒸馏水，用调土刀调匀盖上湿布，放置 18 h 以上。

（2）将制备的土样充分搅拌均匀，分层装入盛土杯，用力压密，使空气逸出。对于较干的土样，应先充分搓揉，用调土刀反复压实。试杯装满后，刮成与杯边齐平。

（3）当用游标式或百分表式液限塑限联合测定仪试验时，调平仪器，提起锥杆，锥头上涂少许凡士林。

（4）将装好土样的试杯放在联合测定仪的升降座上，转动升降旋钮，待锥尖与土样表面刚好接触时停止升降，扭动锥下降旋钮，同时开动秒表，经 5 s 时，松开旋钮，锥体停止下落，此时游标读数即为锥入深度 h_1。

（5）改变锥尖与土接触位置，重复本试验（3）、（4）步，得锥入深度 h_2。h_1、h_2 允许平行误差为 0.5 mm，否则应重做。取 h_1、h_2 平均值作为该点的锥入深度 h。

（6）去掉锥尖入土处的凡士林，取 10 g 以上的土样两个分别装入称量盒内称其质量，测定其含水量 w_1、w_2。计算含水率平均值 w。

（7）用光电式或数码式液限塑限联合测定仪试验时，接通电源，调平机身，打开开关，提上锥体。将装好土样的试杯放在升降座上，转动升降旋钮，试杯徐徐上升锥尖与土样表面刚好接触，指示灯亮，停止转动旋钮，锥体立刻自行下沉，5 s 时，自动停止下落读数窗上显示键入深度。试验完毕，按复位按钮，锥体复位。

3）结果整理

（1）在对数坐标上，以含水率 w 为横坐标，锥入深度 h 为纵坐标，点绘 3 个含水率的 h-w 图（图 9.1）。三点应连成一条直线，如图中 A 线所示。当三点不在一条直线上，则通过高含水率这一点与其余两点连成两条直线，在圆锥下沉深度为 2 mm 处可查得相应的两个含水率。当这两个含水率的差值小于 2% 时，应以这两点的含水率平均值与高含水率的点连成一条直线，如图中 B 线所示。当这两个含水率的差值大于 2% 时，则应重做试验。

（2）在锥入深度与含水率 h-w 关系图（图 9.1）中，下沉深度为 17 mm 所对应的含水率为 100 g 锥测得的液限 w_L；下沉深度为 10 mm 所对应的含水率为 76 g 锥测得的液限 w_L；下沉深度为 2 mm 所对应的含水率为塑限 w_p。取值以百分数表示，准确至 0.1%。

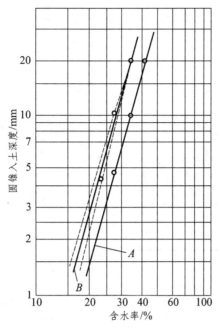

图 9.1　锥入深度与含水率 $h\text{-}w$ 关系

（3）塑性指数 I_p :

$$I_p = w_L - w_p$$

式中　　w_L——液限（%）;

w_p——塑限（%）;

I_p——塑性指数。

（4）液性指数 I_L :

$$I_L = \frac{w - w_p}{I_p}$$

式中　　w——天然含水率（%）;

w_p——塑性（%）;

I_p——塑性指数;

I_L——液性指数。

（5）试验记录见表 9.15。

（6）精密度和允许差:

本试验需进行两次平行测定，取其算术平均值，以整数表示。允许差值为: 高液限土小于或等于 2%，低液限土小于或等于 1%。

4）报　告

出具包括土的鉴别分类和代号、土的液限 w_L、塑限 w_p 和塑性指数 I_p、液性指数 I_L 的报告。

表 9.15　液限、塑限联合试验记录

工程名称 _____　　　试验者 _____

土样编号 _____　　　计算者 _____

土样说明 _____　　　校核者 _____

土样设备 _____　　　试验日期 _____

试样编号	圆锥下沉深度 h /mm	称量盒号	湿试样质量/g	干试样质量/g	含水率/%	液限 /%	液限 /%	塑限 /%	土的分类
			（1）	（2）	$(3)=\left[\dfrac{(1)}{(2)}-1\right]\times100$	（4） $h=17$ mm	（5） $h=10$ mm	（6） $h=2$ mm	

2. 塑限滚搓法

本试验用于测定粒径小于 0.5 mm 及有机质含量不大于试样总质量 5% 的土的塑限。

1）仪器设备

毛玻璃：尺寸宜为 200 mm×300 mm。

天平：感量 0.01 g。

其他：烘箱、干燥箱、称量盒、调土皿、直径 3 mm 铁丝等。

2）试验步骤

（1）取制备好试样 50 g，以手中捏揉不粘手为宜。

（2）取含水率接近塑限的试样一小块，先搓成椭圆形，然后在毛玻璃上用手掌轻轻搓滚。搓滚时手掌均匀施压力于土条上，土条在玻璃上不得无压力滚动，且土条长度不宜超过手掌宽度。

（3）继续搓动土条，直至土条直径达 3 mm 时，产生裂缝并开始断裂为止。若土条搓成 3 mm 时仍未产生裂缝及断裂，表示这时试样的含水率高于塑限，将其捏成一团重新滚搓；如土条直径大于 3 mm 时即行断裂，表示试样含水率小于塑限，应重新取土加适量水调匀后再搓，直至合格。若土条在任何含水率下始终搓不到 3 mm 即开始断裂，则认为该土无塑性。

（4）收集 3~5 g 合格的断裂土条，放入称量盒内，盖紧盒盖测其含水率。

3）结果整理

（1）塑限计算公式：

$$w_p=\left(\frac{m_1}{m_2}-1\right)\times100$$

式中　w_p——塑限（%），计算至 0.1；

　　　m_1——湿土质量（g）；

　　　m_2——干土质量（g）。

116

（2）试验记录见表9.16：

表9.16　塑限滚搓法试验记录

工程编号＿＿＿＿＿＿＿＿＿　　　　试验者＿＿＿＿＿＿＿＿＿＿＿

土样说明＿＿＿＿＿＿＿＿＿　　　　计算者＿＿＿＿＿＿＿＿＿＿＿

试验日期＿＿＿＿＿＿＿＿＿　　　　校核者＿＿＿＿＿＿＿＿＿＿＿

盒　号		1	2
盒质量/g	（1）		
盒＋湿土质量/g	（2）		
盒＋干土质量/g	（3）		
水分质量/g	（4）＝（3）－（2）		
干土质量/g	（5）＝（3）－（1）		
塑限含水率/%	（6）＝（4）/（5）		
平均塑限含水率/%	（7）		

（3）精密度和允许差：

本试验需进行两次平行测定，取其算术平均值，以整数表示。允许差值为：高液限土小于或等于2%，低液限土小于或等于1%。

4）报　告

出具包括土的鉴别分类和代号、土的塑限值的报告。

9.1.5　土的击实试验

本试验是测定试样在标准击实功作用下含水率和干密度之间的关系，从而确定试样最优含水率和最大干密度。击实试验分为轻型击实和重型击实。内径100 mm的试筒适用于粒径不大于20 mm的土，内径152 mm的试筒适用于粒径不大于40 mm的土。

1. 仪器设备

标准击实仪：击实试验方法和相应设备的主要参数应符合表9.17。

表9.17　击实试验方法种类

试验方法	类别	锤底直径/cm	锤质量/kg	落高/cm	试筒尺寸 内径/cm	试筒尺寸 高/cm	试样尺寸 高度/cm	试样尺寸 体积/cm³	层数	每层击数	击实功/(kJ/m³)	最大粒径/mm
轻型	I-1	5	2.5	30	10	12.7	12.7	997	3	27	598.2	20
	I-2	5	2.5	30	15.2	17	12	2 177	3	59	598.2	40
重型	II-1	5	4.5	45	10	12.7	12.7	997	3	27	2 687.0	20
	II-2	5	4.5	45	15.2	17	12	2177	3	98	2 677.2	40

烘箱及干燥箱。

天平：感量 0.01 g。

台秤：称量 10 kg，感量 5 g。

圆孔筛：孔径 40 mm、20 mm、5 mm。

拌和工具：400 mm × 600 mm、深 70 mm 的金属盘，土铲。

其他：喷水设备、碾土器、盛土盘、量筒、推土器、铝盒、修土刀、平直尺等。

试样：本试验可采用不同方法准备试样见表 9.18。

表 9.18　试样用量

使用方法	类别	试筒内径/cm	最大粒径/mm	试料用量/kg
干土法，试样不重复使用	b	10	20	至少 5 个试样，每个 3
		15.2	40	至少 5 个试样，每个 6
湿土法，试样不重复使用	c	10	20	至少 5 个试样，每个 3
		15.2	40	至少 5 个试样，每个 6

干土法：按四分法最少准备 5 个试样，分别加入不同水分，按 2% ~ 3% 含水率递增，拌匀后闷料一夜备用。

湿土法：对于高含水率土，用手拣出粒径大于 40 mm 的粗石子即可。保持天然含水率的第一个土样用于击实试验。其余几个试样，将土分成小土块，分别风干，使含水率按 2% ~ 3% 递减。

2．试验步骤

（1）根据工程要求，按表 9.17 选择试验方法。根据土的性质选试样用量（表 9.18）。

（2）将击实筒放在坚硬的地面上，在筒壁上抹一薄层凡士林，并在筒底放置蜡纸或塑料薄膜。取制备好的土样分 3 ~ 5 次倒入筒内。小试筒按三层法，每层 800 ~ 900 g；大试筒按三层法每层需试样约 1 700 g。整平表面，稍加压紧，按规定击数对每层土进行击实，击实时击锤应自由垂直落下，锤迹需均匀分布土样面，每层击实后将层面"拉毛"再重复击实。小试筒击实后，试样不的高出筒顶面 5 mm；大试筒击实后，试样不的高出筒顶面 6 mm。

（3）用修土刀沿套筒内壁削刮，使试样与套筒脱离后，扭动并取下套筒，削平试样拆除底板，擦净筒外壁，称量准确至 1 g。

（4）筒内试样由推土器推出，从试样中心处取样测含水率，计算至 0.1%。最大粒径小于 5 mm 的土样，测定含水率所需试样数量 2 个，每个质量 15 ~ 20 g；最大粒径约 5 mm 的土样，测定含水率所需试样数量 1 个，每个质量约 50 g；最大粒径约 20 mm 的土样，测定含水率所需试样数量 1 个，每个质量约 250 g；最大粒径约 40 mm 的土样，测定含水率所需试样数量 1 个，每个质量约 500 g。

3．结果整理

（1）击实后各点的干密度：

$$\rho_d = \frac{\rho}{1+0.01w}$$

式中 ρ_d——干密度（g/cm³），计算至0.01；

ρ——干密度（g/cm³）；

w——含水率（%）。

（2）以干密度 ρ_d 为纵坐标，含水率 w 为横坐标，绘制干密度与含水率的关系曲线，曲线上峰值点的纵坐标为最大干密度，横坐标为最佳含水率。如曲线无明显峰值点应补点或重做。

（3）试验记录见表9.19。

表9.19 击实试验记录

校核者＿＿＿＿＿＿＿＿＿ 计算者＿＿＿＿＿＿＿＿＿ 试验者＿＿＿＿＿＿＿＿＿

土样编号		筒号		落距				
土样来源		筒容积		每层击数				
试验日期		击锤质量		大于5mm颗粒含量				
	试验次数		1	2	3	4	5	
干密度	筒＋土质量/g							
	筒质量/g							
	湿土质量/g							
	湿密度/(g/cm³)							
	干密度/(g/cm³)							
含水率	盒号							
	盒＋湿土质量/g							
	盒＋干土质量/g							
	盒质量/g							
	水质量/g							
	干土质量/g							
	含水率/%							
	平均含水率/%							
最佳含水率＝				最大干密度＝				

（4）精密度与允许差：

本试验含水率需进行两次平行测定，取算术平均值。允许平行差值含水率5%以下为0.3%；含水率40%以下不大于1%；含水率40%以上不大于2%。

4.报 告

出具包括土的鉴别分类和代号、土的最佳含水率和土的最大干密度报告。

9.1.6 土的固结试验

本试验的目的是测定试样在侧限与轴向排水条件下的变形和压力，或孔隙比与压力的关系、变形和时间的关系，以便计算土的压缩系数、压缩指数、回弹指数、压缩模量、固结系数及原状土的先期固结压力等。

1. 单轴固结仪法

本试验用于测定饱和黏质土的单位沉降量、压缩系数、压缩模量、压缩指数、回弹指数、固结系数及原状土的先期固结压力等。对于非饱和土，该方法可测压缩指标但不能测固结系数。

1）仪器设备

固结仪：试样面积 30 cm² 和 50 cm²，高 2 cm。杠杆式加荷设备。

环刀：直径为 61.8 mm 和 79.8 mm，高度为 20 mm。

透水石：由氧化铝或不受土腐蚀的金属材料组成，其透水系数应大于试样渗透系数。

变形量测设备：量程 10 mm，最小分度 0.01 mm 的百分表。

其他：天平、秒表、烘箱、刮土刀、铝盒等。

2）试验步骤

（1）根据工程需要切取原状土样或制备所需湿度密度的扰动土样。切取原状土样时，应使试样在试验时的受压情况与天然土层的受荷方向一致。

（2）用手将环刀放置土样上垂直下压，边压边修，直至环刀装满土样为止。再用刮刀修平两端，注意刮平试样时，禁用刮刀往复涂抹土面。

（3）擦净环刀外壁，称环刀与土总质量，准确至 0.1，并测环刀修下土样测含水率。试验须饱和时，应抽气饱和。

（4）将切好土样的环刀刀口向下放入护环内。将底板放入容器内，底板上放透水石、滤纸，将土样环刀和护环放入容器，土样上覆滤纸、透水石，然后放下加压导环和传压活塞，使各部密切接触，保持平稳。

（5）将加压容器置于加压框架正中，与传压活塞及横梁接触，预压 1 kPa 压力，使固结仪各部分紧密接触，装好百分表，并调整读数至零。

（6）去掉预压荷载，立即加第一级荷载。加砝码同时开动秒表，注意加砝码时避免冲击和摇晃。荷载等级一般为 50 kPa、100 kPa、200 kPa、300 kPa、400 kPa。有时根据土的软硬程度，第一级荷载可采用 25 kPa。

（7）秒表计时一般按 0 s、15 s、1 min、2 min、4 min、6 min、9 min、12 min、16 min、20 min、25 min、35 min、45 min、60 min、90 min、2 h、4 h、10 h、23 h、24 h，直至稳定。固结稳定的标准是最后 1 h 变形量不超过 0.01 mm。

（8）试验结束后拆除仪器，小心取出完整土样，称其质量，并测最终含水率（用于饱和度测定），清洗仪器。

3）结果整理

（1）试验开始时孔隙比：

$$e_0 = \frac{\rho_s(1 + 0.01w_0)}{\rho_0} - 1$$

单位沉降量

$$S_i = \frac{\sum \Delta h_i}{h_0} \times 1\,000$$

各级荷载下变形稳定后的孔隙比

$$e_i = e_0 - (1 + e_0) \times \frac{S_i}{1\,000}$$

某一荷载范围的压缩系数 a_V

$$a_V = \frac{e_i - e_{i+1}}{p_{i+1} - p_i} = \frac{(S_{i+1} - S_i)(1 + e_0)/1\,000}{p_{i+1} - p_i}$$

某一荷载范围的压缩模量 E_s 和体积压缩系数 m_V

$$E_s = \frac{p_{i+1} - p_i}{(S_{i+1} - S_i)/1\,000}$$

$$m_V = \frac{1}{E_s} = \frac{a_V}{1 + e_0}$$

压缩指数 C_c 及回弹指数 C_s

$$C_c(\text{或}C_s) = \frac{e_i - e_{i+1}}{\lg p_{i+1} - \lg p_i}$$

上列各式中　　E_s——压缩模量（kPa），计算至 0.01；

m_V——体积压缩系数（kPa^{-1}），计算至 0.01；

a_V——压缩系数（kPa^{-1}），计算至 0.01；

e_0——试验开始时试样的孔隙比，计算至 0.01；

ρ_s——土粒密度（数值上等于土粒比重）（g/cm^3）；

w_0——试验开始时试样的含水率（%）；

ρ_0——试验开始时试样的密度（g/cm^3）；

S_i——某一级荷载下的沉降量（mm/m），计算至 0.01；

Δh_i——某一级荷载下的总变形量，等于该荷载下百分表读数（mm）；

h_0——试验开始时的高度（mm）；

e_i——某一荷载下压缩稳定后的孔隙比，计算至 0.01；

p_i——某一荷载值（kPa）。

（2）以单位沉降量或孔隙比为纵坐标，以压力为横坐标，作单位沉降量或孔隙比与压力的关系曲线。

固结系数和原状土的先期固结压力按《公路土工试验规程》（JTG E40—2007）规定方法求得。

（3）试验记录：

土样含水率试验和密度试验具体试验方法前面已经叙述，相关的试验记录见表 9.3 和表 9.6。固结试验记录见表 9.20。

表 9.20　固结试验记录

工程编号＿＿＿＿＿＿　　土样编号＿＿＿＿＿＿　　试 验 者＿＿＿＿＿＿

仪器编号＿＿＿＿＿＿　　土样说明＿＿＿＿＿＿　　试验日期＿＿＿＿＿＿

经过时间/min	压力/kPa							
	50		100		200		400	
	时间	读数	时间	读数	时间	读数	时间	读数
0.00								
0.25								
1.00								
2.25								
4.00								
6.25								
9.00								
12.25								
16.00								
20.25								
30.25								
36.00								
42.25								
60.00								
23h								
24h								
总变形量/mm								
仪器变形量/mm								
试样总变形/mm								

4）报　告

出具包括土的鉴别分类和代号、土的压缩系数、压缩模量、压缩指数、回弹指数、

122

固结系数及原状土的先期固结压力等报告。

2. 快速试验法

本试验是一种近似法，用以确定饱和黏质土的各项土性指标。快速试验法与常规固结试验的区别在于时间的快慢，快速试验法每级荷载下固结 1 h，最后一级荷载下固结 24 h，以两者变形之比作为校正系数校正变形量。

1）仪器设备

固结仪：试样面积 30 cm² 和 50 cm²，高 2 cm。杠杆式加荷设备。

环刀：直径为 61.8 mm 和 79.8 mm，高度为 20 mm。

透水石：由氧化铝或不受土腐蚀的金属材料组成，其透水系数应大于试样渗透系数。

变形量测设备：量程 10 mm，最小分度 0.01 mm 的百分表。

其他：天平、秒表、烘箱、刮土刀、铝盒等。

2）试验步骤

（1）根据工程需要切取原状土样或制备所需湿度密度的扰动土样。切取原状土样时，应使试样在试验时的受压情况与天然土层的受荷方向一致。

（2）用手将环刀放置土样上垂直下压，边压边修，直至环刀装满土样为止。再用刮刀修平两端，注意刮平试样时，禁用刮刀往复涂抹土面。

（3）擦净环刀外壁，称环刀与土总质量，准确至 0.1，并测环刀修下土样测含水率。试验须饱和时，应抽气饱和。

（4）将切好土样的环刀刀口向下放入护环内。将底板放入容器内，底板上放透水石、滤纸，将土样环刀和护环放入容器，土样上覆滤纸、透水石，然后放下加压导环和传压活塞，使各部密切接触，保持平稳。

（5）将加压容器置于加压框架正中，与传压活塞及横梁接触，预压 1 kPa 压力，使固结仪各部分紧密接触，装好百分表，并调整读数至零。

（6）去掉预压荷载，立即加第一级荷载。加砝码同时开动秒表，注意加砝码时避免冲击和摇晃。荷载等级一般为 50 kPa、100 kPa、200 kPa、300 kPa、400 kPa。有时根据土的软硬程度，第一级荷载可采用 25 kPa。

（7）秒表计时一般按 0 s、15 s、1 min、2 min、4 min、6 min、9 min、12 min、16 min、20 min、25 min、35 min、45 min、60 min，直至稳定。各级荷载的压缩时间为 1h，最后一级荷载下加读到稳定沉降时的读数。固结稳定的标准是最后 1 h 变形量不超过 0.01 mm。

（8）试验结束后拆除仪器，小心取出完整土样，称其质量，并测最终含水率（用于饱和度测定），清洗仪器。

3）结果整理

（1）试验开始时孔隙比：

$$e_0 = \frac{\rho_s(1+0.01w_0)}{\rho_0} - 1$$

单位沉降量

$$S_i = \frac{\sum \Delta h_i}{h_0} \times 1\,000$$

各级荷载下变形稳定后的孔隙比

$$e_i = e_0 - (1 + e_0) \times \frac{S_i}{1\,000}$$

某一荷载范围的压缩系数 a_V

$$a_V = \frac{e_i - e_{i+1}}{p_{i+1} - p_i} = \frac{(S_{i+1} - S_i)(1 + e_0)/1\,000}{p_{i+1} - p_i}$$

某一荷载范围的压缩模量 E_s 和体积压缩系数 m_V

$$E_s = \frac{p_{i+1} - p_i}{(S_{i+1} - S_i)/1\,000}$$

$$m_V = \frac{1}{E_s} = \frac{a_V}{1 + e_0}$$

压缩指数 C_c 及回弹指数 C_s

$$C_c(或 C_s) = \frac{e_i - e_{i+1}}{\lg p_{i+1} - \lg p_i}$$

上列各式中
E_s——压缩模量（kPa），计算至 0.01；

m_V——体积压缩系数（kPa^{-1}），计算至 0.01；

a_V——压缩系数（kPa^{-1}），计算至 0.01；

e_0——试验开始时试样的孔隙比，计算至 0.01；

ρ_s——土粒密度（数值上等于土粒比重）（g/cm^3）；

w_0——试验开始时试样的含水率（%）；

ρ_0——试验开始时试样的密度（g/cm^3）；

S_i——某一级荷载下的沉降量（mm/m），计算至 0.1；

Δh_i——某一级荷载下的总变形量，等于该荷载下百分表读数（mm）；

h_0——试验开始时的高度（mm）；

e_i——某一荷载下压缩稳定后的孔隙比，计算至 0.01；

p_i——某一荷载值（kPa）。

（2）以单位沉降量或孔隙比为纵坐标，以压力为横坐标，作单位沉降量或孔隙比与压力的关系曲线。

固结系数和原状土的先期固结压力按《公路土工试验规程》（JTG E40—2007）规定方法求得。

124

（3）各级荷载下试样校正后的总变形量：

$$\sum \Delta h_i = (h_i)_t \frac{(h_n)_T}{(h_n)_t} = K(h_i)_t$$

式中 $\sum \Delta h_i$ ——某一荷载下校正后的总变形量（mm）；

    $(h_i)_t$ ——同一荷载下压缩 1 h 的总变形量减去该荷载下仪器的变形量（mm）；

    $(h_n)_t$ ——最后一级荷载下压缩 1 h 的总变形量减去该荷载下仪器的变形量（mm）；

    $(h_n)_T$ ——最后一级荷载下达到稳定标准的总变形量减去该荷载下仪器的变形量（mm）；

    K ——大于 1 的校正系数：

$$K = \frac{(h_n)_T}{(h_n)_t}$$

（4）试验记录：

土样含水率试验和密度试验具体试验方法前面已经叙述，相关的试验记录见表 9.3 和表 9.6，固结试验记录见表 9.20。快速法固结试验记录见表 9.21。

表 9.21   快速法固结试验记录

工程编号_____   土样说明_____   试验者_____

试验日期_____   计算者_____   校核者_____

试样原始高度 $h_0 = 20$ mm $K = \dfrac{(h_n)_T}{(h_n)_t} = $

加荷时间 /h	压力 /kPa	校正前试样总变形 /mm	校正后试样总变形 /mm	压缩后试样高度 /mm	单位沉降量 /(mm/m)	备注
	p	$(h_i)_t$	$\sum \Delta h_i = K(h_i)_t$	$h = h_0 - \sum \Delta h_i$	$S_i = \dfrac{\sum \Delta h_i}{h_0} \times 1\,000$	
1	50					
1	100					
1	200					
1	300					
1	400					
1	800					
稳定	800					

4）报 告

出具包括土的鉴别分类和代号、土的压缩系数、压缩模量、压缩指数、回弹指数、固结系数及原状土的先期固结压力等报告。

9.1.7 土的直接剪切试验

本试验是测定土的抗剪强度的常用方法。通常采用四个试样，分别在不同的的垂直压力作用下，施加水平剪切力进行剪切得到剪应力，然后根据库仑强度理论确定土的抗剪强度指标：内摩擦角和黏聚力。

1. 黏质土的慢剪试验

本试验用于测黏质土的抗剪强度指标。

1）仪器设备

应变控制式直剪仪：由剪切盒、垂直加荷设备、剪切传动装置、测力计和位移量测系统组成。

环刀：内径 61.8 mm，高 20 mm。

位移量测设备：百分比或传感器。百分表量程 10 mm，分度值为 0.01 mm；传感器的精度为零级。

2）试验步骤

（1）试样的制备详见"土的直接剪切试验规程"。

（2）对准剪切容器上下盒，插入固定销，在下盒内放透水石和滤纸，将带有试样的环刀刃向上，对准剪盒口，在试样上放滤纸和透水石，将试样小心推入剪切盒内。

（3）施加垂直压力，一般为 100 kPa、200 kPa、300 kPa、400 kPa。每 1 h 测垂直变形一次。试样固结稳定时垂直变形为每 1 h 不大于 0.005 mm。

（4）拔去固定销，以小于 0.02 mm/min 的速度进行剪切，每隔一定时间读百分表读数，直至剪损。

（5）当百分表读数不变或后退时，继续剪切至剪切位移为 4 mm 时停止，记下破坏值。剪切过程百分表读数若无峰值，剪切至剪切位移达 6 mm 时停止。

（6）剪切结束，吸去盒内积水，退掉剪切力和垂直压力，移动压力框架，取出试样测其含水率。

3）结果整理

（1）计算公式：

剪切位移

$$\Delta l = 20n - R$$

剪应力

$$\tau = CR$$

上列各式中　Δl ——剪切位移 0.01 mm，计算至 0.1；

　　　　　　n ——手轮转数；

　　　　　　R ——百分表读数；

　　　　　　τ ——剪应力（kPa），计算至 0.1；

　　　　　　C ——测力计校正系数（kPa/0.01 mm）。

（2）以剪应力 τ 为纵坐标，剪切位移 Δl 为横坐标，绘制 $\tau\text{-}\Delta l$ 的关系曲线。

（3）以抗剪强度 S 为纵坐标，垂直压力 p 为横坐标，将每个试样的抗剪强度点绘在坐标纸上，并连成一直线。此直线的倾角为摩擦角 φ，纵坐标上的截距为黏聚力 c。

（4）试验记录：

直接剪切试验记录见表9.22。

表 9.22　直接剪切试验记录

工程名称＿＿＿＿＿＿　　土样编号＿＿＿＿＿＿　　试验者＿＿＿＿＿＿

试验日期＿＿＿＿＿＿　　试验方法＿＿＿＿＿＿　　校核者＿＿＿＿＿＿

试样编号　　　　　仪器编号 手轮转数　　　　　垂直压力 测力计校正系数 $C=$					剪切前固结时间　　　　剪切历时 剪切前压缩量　　　　抗剪强度				
手轮转数 n	测力计百分表读数 0.01 mm R	剪切位移 0.01 mm $\Delta l=20n-R$	剪应力 kPa $\tau=CR$	垂直位移 0.01 mm	手轮转数 n	测力计百分表读数 0.01 mm R	剪切位移 0.01 mm $\Delta l=20n-R$	剪应力 kPa $\tau=CR$	垂直位移 0.01 mm
1									
2									
3									
4									
5									
6									
…									
…									
…									
…									

4）报　告

出具包括土的鉴别分类和代号，土的抗剪强度指标 c、φ 值的报告。

2. 黏质土的固结快剪试验

本试验用于测渗透系数小于 10^{-6} cm/s 的黏质土。

1）仪器设备

应变控制式直剪仪：由剪切盒、垂直加荷设备、剪切传动装置、测力计和位移量测系统组成。

环刀：内径 61.8 mm，高 20 mm。

位移量测设备：百分比或传感器。百分表量程 10 mm，分度值为 0.01 mm；传感器的精度为零级。

2）试验步骤

（1）试样的制备详见"土的直接剪切试验规程"。

（2）对准剪切容器上下盒，插入固定销，在下盒内放透水石和滤纸，将带有试样的环刀刃向上，对准剪盒口，在试样上放滤纸和透水石，将试样小心推入剪切盒内。

（3）移动传动装置，使上盒前端钢珠刚好与测力计接触，依次加上传压板、加压框架安装垂直位移量测装置，记初始读数。

（4）施加垂直压力，一般为 100 kPa、200 kPa、300 kPa、400 kPa。每 1 h 测垂直变形一次。试样固结稳定时垂直变形为每 1 h 不大于 0.005 mm。

（5）拔去固定销，固结快剪的剪切速度为 0.8 mm/min，在 3～5 min 内剪损。每隔一定时间读百分表读数，直至剪损。

（6）当百分表读数不变或后退时，继续剪切至剪切位移为 4 mm 时停止，记下破坏值。剪切过程百分表读数若无峰值，剪切至剪切位移达 6 mm 时停止。

（7）剪切结束，吸去盒内积水，退掉剪切力和垂直压力，移动压力框架，取出试样测其含水率。

3）结果整理

（1）计算公式：

剪切位移

$$\Delta l = 20n - R$$

剪应力

$$\tau = CR$$

上列各式中　　Δl——剪切位移 0.01 mm，计算至 0.1；

　　　　　　　n——手轮转数；

　　　　　　　R——百分数读数；

　　　　　　　τ——剪应力（kPa），计算至 0.1；

　　　　　　　C——测力计校正系数（kPa/0.01 mm）。

（2）以剪应力 τ 为纵坐标，剪切位移 Δl 为横坐标，绘制 τ-Δl 的关系曲线。

（3）以抗剪强度 S 为纵坐标，垂直压力 p 为横坐标，将每个试样的抗剪强度点绘在坐标纸上，并连成一直线。此直线的倾角为摩擦角 φ，纵坐标上的截距为黏聚力 c。

（4）试验记录：

直接剪切试验记录见表 9.23。

4）报　告

出具包括土的鉴别分类和代号，土的抗剪强度指标 c、φ 值的报告。

3. 黏质土的快剪试验

本试验用于测渗透系数小于 10^{-6} cm/s 的黏质土。

表 9.23 直接剪切试验记录

工程名称＿＿＿＿＿＿＿　　土样编号＿＿＿＿＿＿＿　　试验者＿＿＿＿＿＿＿

试验日期＿＿＿＿＿＿＿　　试验方法＿＿＿＿＿＿＿　　校核者＿＿＿＿＿＿＿

试样编号　　　　　仪器编号 手轮转数　　　　　垂直压力 测力计校正系数 $C=$					剪切前固结时间　　　　　剪切历时 剪切前压缩量　　　　　抗剪强度				
手轮转数 n	测力计百分表读数 0.01 mm R	剪切位移 0.01 mm $\Delta l = 20n - R$	剪应力 kPa $\tau = CR$	垂直位移 0.01 mm	手轮转数 n	测力计百分表读数 0.01 mm R	剪切位移 0.01 mm $\Delta l = 20n - R$	剪应力 kPa $\tau = CR$	垂直位移 0.01 mm
1									
2									
3									
4									
5									
6									

1）仪器设备

应变控制式直剪仪：由剪切盒、垂直加荷设备、剪切传动装置、测力计和位移量测系统组成。

环刀：内径 61.8 mm，高 20 mm。

位移量测设备：百分比或传感器。百分表量程 10 mm，分度值为 0.01 mm；传感器的精度为零级。

2）试验步骤

（1）试样的制备详见"土的直接剪切试验规程"。

（2）对准剪切容器上下盒，插入固定销，在下盒内放透水石和滤纸，将带有试样的环刀刃向上，对准剪盒口，在试样上放滤纸和透水石，将试样小心推入剪切盒内。

（3）移动传动装置，使上盒前端钢珠刚好与测力计接触，依次加上传压板、加压框架安装垂直位移量测装置，记初始读数。

（4）施加垂直压力，一般为 100 kPa、200 kPa、300 kPa、400 kPa。每 1 h 测垂直变形一次。试样固结稳定时垂直变形为每 1 h 不大于 0.005 mm。

（5）拔去固定销，立即开动秒表以 0.8 mm/min 剪切速度进行。

（6）当百分表读数不变或后退时，继续剪切至剪切位移为 4 mm 时停止，记下破坏值。剪切过程百分表读数若无峰值，剪切至剪切位移达 6 mm 时停止。

（7）剪切结束，吸去盒内积水，退掉剪切力和垂直压力，移动压力框架，取出试样测其含水率。

3）结果整理

（1）计算公式：

剪切位移

$$\Delta l = 20n - R$$

剪应力

$$\tau = CR$$

上列各式中　　Δl——剪切位移 0.01 mm，计算至 0.1；

　　　　　　　n——手轮转数；

　　　　　　　R——百分表读数；

　　　　　　　τ——剪应力（kPa），计算至 0.1；

　　　　　　　C——测力计校正系数（kPa/0.01 mm）。

（2）以剪应力 τ 为纵坐标，剪切位移 Δl 为横坐标，绘制 τ-Δl 的关系曲线。

（3）以抗剪强度 S 为纵坐标，垂直压力 p 为横坐标，将每个试样的抗剪强度点绘在坐标纸上，并连成一直线。此直线的倾角为摩擦角 φ，纵坐标上的截距为黏聚力 c。

（4）试验记录：

直接剪切试验记录见表 9.24。

表 9.24　直接剪切试验记录

工程名称＿＿＿＿＿＿　　土样编号＿＿＿＿＿＿　　试验者＿＿＿＿＿＿

试验日期＿＿＿＿＿＿　　试验方法＿＿＿＿＿＿　　校核者＿＿＿＿＿＿

试样编号		仪器编号			剪切前固结时间		剪切历时		
手轮转数		垂直压力			剪切前压缩量		抗剪强度		
测力计校正系数 $C=$									
手轮转数 n	测力计百分表读数 0.01 mm R	剪切位移 0.01 mm $\Delta l = 20n - R$	剪应力 kPa $\tau = CR$	垂直位移 0.01 mm	手轮转数 n	测力计百分表读数 0.01 mm R	剪切位移 0.01 mm $\Delta l = 20n - R$	剪应力 kPa $\tau = CR$	垂直位移 0.01 mm
1 2 3 4 5									
6 … … … … …									

130

4）报　告

出具包括土的鉴别分类和代号，土的抗剪强度指标 c、φ 值的报告。

9.1.8　土的三轴压缩试验

本试验是在不同的恒定周围压力下，逐渐增加轴向压力，使试样内部产生剪应力直至试样破坏的一种抗剪强度试验。三轴压缩试验根据土的固结、排水的情况可以分为固结排水试验、固结不排水试验、不固结不排水试验。试验时可根据实际情况选择试验方法，本书以不固结不排水试验为例进行介绍。

1.　不固结不排水试验

本试验适用于测细粒土和砂类土的总抗剪强度参数。试验是在施加周围压力和增加轴向压力直至破坏过程中均不允许试样排水。

1）仪器设备

三轴压缩仪：应变控制式，由周围压力系统、反压力系统、孔隙水压力量测系统和主机组成。

附属设备：包括击实器、饱和器、切土器、分样器、切土盘、承膜筒和对开圆模。

百分表：量程 3 cm 或 1 cm，分度值 0.01 mm。

天平：称量 200 g，感量 0.01 g；称量 1 000 g，感量 0.1 g。

橡皮膜：应具有弹性，厚度应小于橡皮膜直径的 1/100，不得有漏气孔。

2）仪器检查

周围压力的测量精度为全量程的 1%，测读分值为 5 kPa。孔隙水压力系统内的气泡应完全排除。系统内的气泡可用纯水施加压力使气泡上升至试样顶部沿底座溢出，测量系统的体积因数应小于 1.5×10^{-5} cm³/kPa。

管路应畅通，活塞应能滑动，各连接处无漏气。橡胶模在使用前应仔细检查，方法是在膜内充气，扎紧两端，然后在水下检查有无漏气。

3）制备试样

本试验需试样 3~4 个，分别在不同围压下进行试验。试样尺寸：最小直径 35 mm，最大直径 101 mm。试样直径小于 100 mm 的允许最大粒径为试样直径的 1/10，试样直径大于等于 100 mm 的允许最大粒径为试样直径的 1/5。试样高度宜为试样直径的 2~2.5 倍。

原状土试样的制备：根据土样的软硬程度，分别用切土盘和切土器按上述规定切成圆柱形试样，试样两端应平整，并垂直于试样轴。当试样侧面或端部有小石子或凹坑时，允许用余土修整，并用余土测含水率。

扰动土样制备：根据预定干密度和含水率备样后，在击实器内分层击实，粉质土宜 3~5 层，黏质土宜 5~8 层，各层土样数量相等，接触面应刨毛。

对于砂类土，应先在压力室底座上依次放上不透水板，橡皮膜和对开圆模。将砂料填入对开圆模内，分三层按预定干密度击实。当制备饱和试样时，在对开圆模内注入纯水至 1/3 高度，将煮沸的砂料分三层填入，达到预定高度。放上不透水板、试样帽、扎紧橡皮膜。对试样内部施加 5 kPa 负压力，使试样能站立，拆除对开膜。

4）试验步骤

（1）在压力室底座上依次放上不透水板、试样及试样帽。将橡皮膜套在试样外，并将橡皮膜两端与底座入试样帽分别扎紧。

（2）装上压力室罩，向压力室内注满纯水，关排气阀，压力室内不应有残余气泡，将活塞对准测力计和试样顶部。

（3）关排水阀，开周围压力阀，施加周围压力，周围压力值应与工程实际荷载相适应，最大一级周围压力应与最大实际荷载大致相等。

（4）转动手轮使试样帽与活塞及测力计接触，装上变形百分表，将测力计和变形百分表读数调至零位。

（5）剪切应变速率宜为每分钟 0.5% ~ 1%。

（6）开动马达，接上离合器，开始剪切。试样每产生 0.3% ~ 0.4% 的轴向应变，记一次测力计读数和轴向应变。当轴向应变大于 3% 时，每隔 0.7% ~ 0.8% 的应变值记一次读数。

（7）当测力计读数出现峰值时，剪切应继续进行至超过 5% 的轴向应变为止。当测力计读数无峰值时，剪切应进行到轴向应变为 15% ~ 20%。

（8）试验结束后，先关闭周围压力阀，关闭马达，拨开离合器。倒转手轮，打开排气孔，排除受压室内的水，拆除试样，描述试样破坏形状，称试样质量，测含水率。

5）结果整理

（1）计算公式：

轴向应变：

$$\varepsilon_1 = \frac{\Delta h_i}{h_0}$$

式中　ε_1——轴向应变值（%）；

　　　Δh_i——剪切过程中的高度变化（mm）；

　　　h_0——试样起始高度（mm）。

试样面积校正：

$$A_a = \frac{A_0}{1 - \varepsilon_1}$$

式中　A_a——试样校正断面积（cm^2）；

　　　A_0——试样初始断面积（cm^2）。

主应力差：

$$\sigma_1 - \sigma_3 = \frac{CR}{A_a} \times 100$$

式中　σ_1——大主应力（kPa）；

σ_3——小主应力（kPa）；

C——测力计校正系数（N/0.01 mm）；

R——测力计读数 0.01 mm。

（2）轴向应变与主应力差的关系曲线应在直角坐标纸上绘制。以法向应力为横坐标，剪应力为纵坐标。在横坐标上以 $\dfrac{\sigma_{1f}+\sigma_{3f}}{2}$ 为圆心，$\dfrac{\sigma_{1f}-\sigma_{3f}}{2}$ 为半径（f 注脚表示破坏），在 τ-σ 应力平面图上绘制破损应力圆包线。求出不排水强度参数 c_u 和 φ_u。

（3）试验记录：

表 9.25　三轴压缩试验记录

土样编号＿＿＿＿＿＿　试验方法＿＿＿＿＿＿　周围压力＿＿＿＿＿＿　试验者＿＿＿＿＿＿

计 算 者＿＿＿＿＿＿　校 核 者＿＿＿＿＿＿　试验日期＿＿＿＿＿＿　固结下沉量＿＿＿＿＿＿

测力计校正系数＿＿＿＿＿＿＿＿＿＿＿＿　剪切速率＿＿＿＿＿＿＿＿＿＿＿＿

固结后高度＿＿＿＿＿＿＿＿＿＿＿＿＿＿　固结后面积＿＿＿＿＿＿＿＿＿＿＿＿

轴向变形读数 0.01 mm	
轴向应变 $\varepsilon_1=\dfrac{\Delta h_i}{h_0}$ /%	
试样校正后面积 $A_a=\dfrac{A_0}{1-\varepsilon_1}$ /cm²	
测力计百分表读数 R 0.01 mm	
主应力差 $\sigma_1-\sigma_3=\dfrac{CR}{A_a}\times100$ /kPa	
大主应力 $\sigma_1=(\sigma_1-\sigma_3)+\sigma_3$ /kPa	
孔隙水压力　读数/kPa	
孔隙水压力　压力值/kPa	
有效大主应力 σ_1' /kPa	
有效小主应力 σ_3' /kPa	
有效应力比 $\dfrac{\sigma_1'}{\sigma_3'}$	

6）报　告

出具包括土类和总抗剪强度指标黏聚力 c_u、内摩擦角 φ_u 的报告。

9.1.9 土的无侧限抗压强度试验

1. 无侧限抗压强度试验

本试验是圆柱体试样在无侧向压力条件下，抵抗轴向压力的极限强度。原状土的无侧限抗压强度与相应的重塑土无侧限抗压强度之比为土的灵敏度。适用于测定饱和软黏土的无侧线抗压强度及灵敏度。试验是试件在无侧向压力的条件下，抵抗轴向压力的极限强度。

1）仪器设备

应变控制式无侧限抗压强度仪：测力计、加压框架及升降螺杆。

切土盘、重塑筒：筒身可拆为两半，内径 40 mm，高 100 mm。

百分表：量程 10 mm，分度值 0.01 mm。

其他：天平（感量 0.1 g）、秒表、卡尺、直尺、削土刀、钢丝锯、金属垫板、凡士林等。

2）试 样

将原状土样按天然层次方向放在桌上，用削土刀或钢丝锯削成稍大于试件直径的土柱，放入切土盘的上下盘之间，再用削土刀或钢丝锯沿侧面自上而下细心切削。同时边转动圆盘，直至达到要求的直径为止。取出试件按要求的高度削平两端。试样两端应平整，并垂直于侧面，上下均匀。当试样表面因有砾石或其他杂物而成空洞时，允许用土填补。

试件直径和高度应与重塑筒直径和高度相同，一般直径为 40 ~ 50 mm，高为 100 ~ 120 mm。试件高度与直径之比应大于 2。

3）试验步骤

（1）将削好的试件立即称重，准确至 0.1g。同时取切削下的余土测定含水率。用卡尺测量其高度及上、中、下各部位直径，按下式计算其平均直径 D_0。

$$D_0 = \frac{D_1 + 2D_2 + D_3}{4}$$

式中　D_0——试件平均直径（mm）；

　　　D_1, D_2, D_3——试件上、中、下各部位的直径（cm）。

（2）在试件两端抹一薄层凡士林，如为防止水分蒸发，试件侧面也可抹一薄层凡士林。

（3）将制备好的试件放在应变控制式无侧限抗压强度仪下加压板上，转动手轮，使其与上加压板刚好接触，调测力计百分表读数为零点。

（4）以轴向应变 1%/min ~ 3%/min 的速度转动手轮（0.06 ~ 0.12 mm/min），使试验在 8 ~ 20 min 内完成。

（5）应变在 3% 以前，每 0.5% 应变记读百分表读数一次；应变在 3% 以后，每 1% 应变记读百分表读数一次。

（6）当百分表达到峰值或读数达到稳定，再继续剪 3%～5% 应变值即可停止试验。如读数无稳定值，则轴向应变达 20% 时即可停止试验。

（7）试验结束后，迅速倒转手轮，取下试件，描述破坏情况。

（8）如需测定灵敏度，则将破坏后的试件去掉表面凡士林，再加少许土，包以塑料布，用手捏搓，破坏其结构，重塑为圆柱形，放入重塑筒内，用金属垫板挤成与筒体积相等的试件，即与重塑前尺寸相等，然后立即重复本试验 3～7 步进行试验。

4）结果整理

（1）计算公式：

轴向应变：

$$\varepsilon_1 = \frac{\Delta h}{h_0}$$

$$\Delta h = n\Delta L - R$$

式中　ε_1 ——轴向应变值（%）；

　　　Δh ——轴向变形（mm）；

　　　h_0 ——试样起始高度（mm）；

　　　n ——手轮转数；

　　　ΔL ——手轮每转一转，下加压板上升高度（cm）；

　　　R ——百分表读数。

平均断面积：

$$A_a = \frac{A_0}{1 - \varepsilon_1}$$

式中　A_a ——试样校正断面积（cm）；

　　　A_0 ——试样初始断面（cm²）。

应变控制式无侧限抗压强度仪上试件所受轴向应力：

$$\sigma = \frac{10CR}{A_a}$$

式中　σ ——轴向压力（kPa）；

　　　A_a ——校正后试件的断面积（cm²）；

　　　C ——测力计校正系数（N/0.01 mm）；

　　　R ——测力计读数 0.01 mm。

灵敏度 S_t：

$$S_t = \frac{q_u}{q_u'}$$

式中　q_u ——原状试件的无侧向抗压强度（kPa）；

　　　q_u' ——重塑试件的无侧向抗压强度（kPa）。

135

（2）以轴向应力为纵坐标，轴向应变为横坐标，绘制应力-应变曲线。以最大轴向应力作为无侧限抗压强度。若最大轴向应力不明显，取轴向应变15%处的应力作为该试件的无侧限抗压强度q_u。

（3）试验记录：

表9.26　无侧限抗压强度试验记录

土样编号＿＿＿＿＿　工程名称＿＿＿＿＿　取土深度＿＿＿＿＿　土样说明＿＿＿＿＿

试验者＿＿＿＿＿　计算者＿＿＿＿＿　校核者＿＿＿＿＿　试验日期＿＿＿＿＿

试验前试样高度$h_0 =$　　cm　试验前试样直径$D_0 =$　　cm　无侧线抗压强度$q_u =$　　kPa

试验试件面积$A_0 =$　　cm²　试件质量$m =$　　g　灵敏度$S_t =$　　$q'_u =$　　kPa

试件密度$\rho =$　　g/cm³　测力计校正系数$C =$　　N/0.01 mm　试件破坏时情况：

测力计百分表读数R /0.01 mm	下压板上升高度ΔL /cm	轴向变形Δh /cm	轴向应变ε_1 /%	校正后面积A_a /cm²	轴向荷载P /N	轴向应力σ /kPa	备注
（1）	（2）	（3）	（4）	（5）	（6）	（7）	
		（2）－（1）	$\dfrac{(3)}{h}$	$\dfrac{A_0}{1-(4)}$	(1)×C	$\dfrac{(6)}{(5)}$	

5）报　告

出具包括土的鉴别分类和代号，土的无侧线抗压强度q_u，土的灵敏度S_t的报告。

9.2　原位测试技术

9.2.1　地基土原位测试技术

1. 标准贯入试验

标准贯入试验是一种在现场用63.5 kg的穿心锤，以76 cm落距自由落下，将一定规格的带有小型取土筒的标准贯入器先打入土中15 cm，记录后再打入30 cm的锤击数的原位试验。本试验属于动力触探的一种，触探头为标准规格的圆筒形探头即贯入器。利用规定的落锤能量将贯入器打入土中，根据贯入的难易程度，可用贯入30 cm的击数判定土的物理力学性质。

标准贯入试验具有设备简单、操作方便、土层适用性广等优点，尤其适用于砂土和砂质粉土。缺点是离散性较大，只能粗略评定土的工程性质。

1）试验设备

标准贯入试验设备包括贯入器、穿心锤、探杆三部分。

（1）贯入器：标准规格的贯入器由两个半圆管合成的圆筒形探头组成。

（2）穿心锤：质量为 63.5 kg 的铸件钢，中间有一直径为 45 mm 的穿心孔，此筒为放导向杆用。

（3）探杆：国际上多用直径为 45～50 mm 的无缝钢管，我国则常用直径为 42 mm 的地质钻杆。

2）试验步骤

（1）钻探成孔。采用回转钻进的方法，当钻进至试验高程以上 15 cm 处时，停止钻进，仔细清除孔内残土至试验高程。必要时可用泥浆或套管护壁，在地下水位以下钻进时或遇承压含水砂层时，孔内水位或泥浆面应始终高于地下水位足够高度。

（2）贯入准备。贯入前，先要检查探杆与贯入器接头，保证连接不松脱，后将标准贯入器放入钻孔内，保持导向杆、探杆和贯入器的垂直度，以保证穿心锤中心施力，贯入器垂直打入。

（3）贯入。先将贯入器打入土中 15 cm，后将贯入器继续贯入，记录每打入 10 cm 的锤击数，累计打入 30 cm 的锤击数即为标准锤击数。当土层较硬时，若累计击数已达 50 击，而贯入度未达 30 cm 时，应终止试验，记录实际贯入度及累计锤击数 n，按下式计算贯入 30 cm 时的锤击数 N：

$$N = 30\frac{n}{\Delta S}$$

式中　ΔS —— 对应累计锤击数 n 的贯入度（cm）。

（4）土样描述和试验。拔出贯入器，取出贯入器中的土样，进行鉴别描述或进行土工试验。

重复上述步骤，进行下一深度试验。标准贯入试验可在钻孔全深度范围内等间距进行，间距为 10 m 或 20 m，也可根据需要仅在砂土、粉土等欲试验的土层范围内等间距进行。

3）试验结果整理

（1）试验数据统计分析。

结合钻探及其他原位试验，依据 N 值在深度上的变化，对各层 N 值进行统计。统计时，要剔除个别异常值，场地中间一层土标准贯入击数标准值 N_k 按下式计算并结合经验确定：

$$N_k = \bar{N} - 1.645\frac{\sigma}{\sqrt{n}}$$

$$\sigma = \sqrt{\frac{\sum_{i=1}^{n} N_i^2 - n\bar{N^2}}{n-1}}$$

式中　$\bar{N}$ —— N 的平均值；

　　　σ —— 标准差；

　　　n —— 参数统计的点数。

（2）绘制试验曲线。

绘制标准贯入击数 N 与深度 H 的关系曲线。当标准贯入击数仅作为勘察资料提供时，可不必对 N 值进行杆长、上覆土压力及地下水位的修正。

（3）标准贯入击数的修正。

影响标准贯入试验的因素很多，但可以通过标准化办法统一，减少对试验成果的影响。但杆长、杆侧摩阻力、地下水、上覆土压力等人为无法控制。因此，需对现场实测的标准贯入试验结果进行杆长、上覆土压力、地下水位的修正。

① 杆长修正。较接近实际情况的杆长修正公式为 $N = (1 - 0.005L)N'$，式中 N、N' 分别为修正后的和实测的标准贯入击数，L 为杆长度。

② 上覆土压力修正。Gibbs 和 Holtz 提出上覆土压力修正公式为 $N_1 = C_N N$，式中 N 为实测标准贯入击数，N_1 为修正 $\sigma'_{vo} = 100$ kPa 时的标准贯入击数，C_N 为上覆土压力修正系数。C_N 分细砂（中密）、细砂（超固结）、粗砂（密实），对应公式为 $C_N = \dfrac{200}{\sigma'_{vo} + 100}$、

$C_N = \dfrac{170}{\sigma'_{vo} + 70}$、 $C_N = \dfrac{300}{\sigma'_{vo} + 200}$。

③ 地下水位修正。对于 $d_{10} = 0.1 \sim 0.05$ mm 的饱和粉细砂，当其密实度大于某一临界密实度或当 $N' > 15$ 时，应进行地下水位修正。修正公式为 $N = 15 + 0.5(N' - 15)$。

2．十字板剪切试验

十字板剪切试验适用于原位测定饱和软黏土的不排水抗剪强度。所得抗剪强度值，相当于试验深度处天然土层在原位压力下固结的不排水抗剪强度。理论上相当于室内三轴不排水剪总强度或无侧限抗剪强度的一半。本实验不需取土样，避免了土样扰动和天然应力状态的改变，是一种有效的现场测试方法。

根据十字板仪的不同，十字板剪切试验可分为普通十字板和电测十字板；根据贯入方式不同，可分为预钻孔十字板剪切试验和自钻孔十字板剪切试验。

1）试验设备

十字板剪切试验设备包括十字板头、传力系统、施力装置和测力装置等部分。

十字板头：分为机械式和电测试两类，规格一般为 50 mm × 100 mm、75 mm × 150 mm，板厚均为 2 mm。

2）试验步骤

（1）十字板头的率定。

① 机械式十字板头的率定。

机械式十字板头是通过钢环测微表读数确定，因此需对钢环进行率定。方法如下：用绳扎住钢环后座，将钢环垂直吊空，在钢环下端挂秤盘，在秤盘内施加最大荷重 0.3 kN，重复两次，消除钢环残余变形；逐级加荷，每级 0.05 kN，测记相应钢环变形，加至 0.3 kN后再逐级卸荷，每级 0.05 kN，测记相应钢环变形；重复 3 次，取每级荷重对应的百分表读数差值不超过 0.005 mm 的三个读数的平均值 R 为横坐标，荷重 P 为纵坐标，绘制 R-P 散点图；按式 $C_c = P / R$ 计算钢环率定系数。

② 电测式十字板头的率定。

电测式十字板头是通过应变仪或数字测力仪施加扭力的，每 3~6 个月需要率定一次。方法如下：将十字板头插入率定仪固定座内，往圆盘内加砝码施加扭矩，反复加荷至最大扭力，进行 2~3 次，消除残余应力；逐级施加扭力，一般每级 0.01 kN，并测记仪器读数，直至扭力矩达到最大，再逐级卸载，测记相应读数；重复 3 次，计算同级扭力下 3 次率定读数平均值；以扭力为纵坐标，以平均应变读数为横坐标，绘制散点图，按式 $n = P / \varepsilon$ 计算十字板扭力柱率定系数。

（2）现场试验步骤：

离合式十字板头测试的方法和步骤：

① 在试验地点按钻探程序将套管下至欲试验高度的 3~5 倍套管直径处。

② 用空心螺旋钻消除孔内残土。

③ 将十字板头、轴杆、钻杆逐节接好并用牙钳卡紧，下入孔内至十字板头与孔底接触。

④ 用摇把套在导杆上向左转动使十字板头与离合器接触，再将十字板头徐徐压入土中至预定试验深度；如压入有困难，可轻轻用锤击入。

⑤ 装上十字板剪力仪底座和加力、测力装置，并将底座与套管之间用制紧轴拧紧，装上测微表以 10 s/° 的速度旋转转盘。每转 1° 记钢环变形读数一次，记录测微表最大读数。

⑥ 完成原状土的试验后，拔下导杆与测力装置的连接，套上摇把连续转动导杆、轴杆等顺时针方向连续转 6 圈，使十字板周围土体扰动，按步骤 5 记录重塑土测微表最大读数。

⑦ 拔掉连接，将十字板轴杆向上提 3~5 cm，使连接轴杆与十字板头的离合器脱离，再安上连接，按步骤 5 测得轴杆摩擦力与机械阻力数，记录测微表读数稳定值。

⑧ 完成后，拔出十字板，继续钻进，下套管，进行下一深度的试验，测试间隔取 0.75~1.0 m。

电测十字板剪力仪测试方法：

① 按静力触探贯入方法将十字板头直接贯入到预定试验深度，使用旋转装置的卡盘卡住钻杆，用摇把以 10°/s 的匀速旋转蜗轮蜗杆，记仪器最大应变。

② 完成原状土剪切试验后，再测试重塑土的最大微应变。

③ 完成一个试验深度后，松开卡盘，继续贯入十字板头至下一个试验深度进行试验。

④ 测试完毕后，上拔钻杆，将十字板头清洗干净后再次使用。

3）试验结果整理

（1）试验数据处理。

考虑剪切速率和土的各向异性的修正公式：

$$(C_u)_F = \mu_A \mu_B (C_u)_{FV}$$

式中　$(C_u)_F$——现场不排水抗剪强度（kPa）；

　　　$(C_u)_{FV}$——现场十字板剪切试验实测值（kPa）；

　　　μ_A——与土各向异性有关的修正系数，$\mu_A = 1.05 \sim 1.10$；

　　　μ_B——与剪切破坏时间有关的修正系数，$\mu_B = 1.05 - B(I_p)^{0.5}$，$B = 0.015 + 0.007\ 5\lg t_f$。

表 9.27　t_f 与 B 的关系

t_f/min	1	10	100	1 000
B	0.015	0.023	0.030	0.038

（2）绘制试验曲线。

① 绘制十字板不排水抗剪强度随深度变化曲线。

② 绘制各试验点的抗剪强度与扭转角的关系曲线。

3. 静力触探试验

静力触探试验利用准静力以恒定的贯入速率，将圆锥探头通过一系列的探杆压入土中，根据测得的探头贯入阻力大小来间接判断土的物理力学性质。本试验的优点在于速度快、劳动强度低、清洁、经济等，适用于地基土竖向变化较复杂以及饱和砂土、砂质粉土和高灵敏性软土。缺点在于不能对土进行直接观察、鉴别，并且不适用于含碎石砾石的土层及很密实的砂层。

1）试验设备

静力触探试验设备包括探头、压力装置、反力装置和测试仪器等部分。

（1）探头：分单桥探头和双桥探头两种，同时测孔隙水压力的两用或三用探头是通过在单桥或双桥探头上增加测孔压的装置实现。

（2）加压装置：常用有液压传动式、手动链条式和电动丝杆式三种。

（3）反力装置：主要用途时保护触探架，以免探头贯入过程中地层阻力使触探架抬起。类型有两种：一是将地锚打入土中，锚杆上部与触探架底座用螺栓连接以抵消探头贯入地层中的阻力；二是用触探车自重来抵消，当贯入总阻力较大时，触探车配备的电动下锚装置启动，单个地锚抗拔力为 10 ～ 30 kN。

（4）量测装置：常用量测装置有电阻应变仪、数字测力仪和自动记录仪三种。

2）试验步骤

（1）准备工作：

① 由地层土性和贯入深度确定下锚个数和探杆根数，将电缆依次穿入探杆，并把电缆线头按顺序依次接通电测仪器测量杆长。

② 预热仪器，平整场地，定位下铺，安装触探架调平。

③ 触探车下锚后调平车体，检查探头受力状态、电测仪表是否正常并调平。

④ 安装加压装置对各部件进行试运行。

（2）测试工作：

① 将探头贯入土中 15～20 cm 后提升 5 cm，仪表正常后记录初始读数或调零。

② 以 20 mm/s±5 mm/s 匀速贯入，每隔 0.1～0.25 m 记仪器读数。

③ 在贯入过程中每隔 2 m 或读数变化较大时，将探杆提升 5 cm，测探头不受力时仪器读数，终孔时同样测记读数。

④ 每隔 2～4 m 核对贯入实际深度和记录深度。

⑤ 出现下列情况可终止试验：触探机的负荷达到额定荷载的 120%；探头贯入阻力达到额定荷载的 120%；探杆螺纹部分的应力超出容许强度；反力装置失效。

⑥ 终孔后将探头拔出地面，记录归零读数并与触探前零度数比较。

3）试验结果整理

（1）贯入阻力计算：

① 单孔各土层贯入阻力：用算术平均法或按触探曲线面积法，个别异常值和超前滞后值需剔除。

② 判别砂土液化时，各土层贯入阻力：厚度匀质土层以常数段按算术平均值计算分层平均值；厚度小于 1 m 的薄土层分两种：上下都是硬层的软薄层取低值为平均值，上下都是软层的硬薄层取高值为平均值；薄土层的平均高值用于判别砂土液化，平均低值用于桩基承载力计算。

③ 场地分层贯入阻力：按各孔穿越该层的厚度加权平均法计算；将各孔触探曲线叠加后，绘制低值和高值包络线和平均值线，确定场地分层贯入阻力在深度上的变化规律和范围。

（2）单控静力触探曲线绘制：

① 需绘制曲线：静力触探资料整理时需绘制比贯入阻力 p_s – 深度 h 曲线、锥尖阻力 q_c – 深度 h 曲线、摩阻比 R_f – 深度 h 曲线。

② 常用纵、横比例尺：纵坐标深度比例尺为 1：100，深孔为 1：200；横坐标触探参数比例尺：比贯入阻力 p_s 采用 1 cm 为 1 000 kPa 或 2 000 kPa，摩阻比 R_f 采用 1 cm 为 1%，侧壁摩阻力 f_s 采用 1 cm 为 10 kPa 或 20 kPa。

（3）划分土层界限：

① 上下层贯入阻力相差不大时，取超前深度和滞后深度的中点或中点偏向小阻值土层 5～10 cm 处为分界线。

② 上下层贯入阻力相差一倍以上，且软层 q_c 或 p_s < 2 MPa 时，软层进入硬层取软层最后一个贯入阻力小值偏向硬层 10 cm 处为分层界面，硬层进入软层取软层第一个贯入阻力小值偏向硬层 10 cm 处为分层界面。

③ 上下层贯入阻力不明显时，结合 f_s 或 R_f 进行分层。

4. 圆锥动力触探试验

圆锥动力触探试验是利用一定的锤击能量，将一定规格的圆锥探头打入土中，根据贯入度来判别土的性质的一种现场测试。主要用于地基土的力学分层、评价地基土的均匀性和物理性质、查明土洞、滑动面、软硬土层界面位置等。还可以根据试验结果建立地区经验以评定地基土强度和变形参数并评定地基承载力、单桩承载力。

圆锥动力触探优点在于设备简单，操作方便，适应性广并可连续贯入，但试验的误差较大并且再现性较差。

1）试验设备

根据贯入能力的大小可以将圆锥动力触探试验分成轻型、重型、超重型三种，其规格及适用土类见表9.28。

表9.28　圆锥动力触探分类

| 类　型 | 探头规格 | | | 落锤 | | 探杆直径/mm | 试验指标/N | 适用岩土 |
	直径/mm	截面积/cm^2	锥角/°	锤质量/kg	落距/mm			
轻　型	40	12.6	60	10	50	25	贯入 10 cm 击数 N_{10}	浅部填土、砂土、粉土和黏性土
重　型	74	43	60	63.5	76	42	贯入 30 cm 击数 $N_{63.5}$	砂土、中密以下的碎石土和极软岩
超重型	74	43	60	120	100	50～60	贯入 30 cm 击数 N_{120}	密实和很密实的碎石土、极软岩和软岩

2）试验步骤

（1）轻型圆锥动力触探试验：

① 先用轻便钻具钻至指定试验深度，后将探头与钻杆放入孔内，保持探杆垂直，连续向下贯入。如遇密实坚硬土层，当贯入 30 cm 所需击数超 100 击或贯入 15 cm 超过 50 击时停止试验。如需对下卧层继续进行试验，可用钻机穿透坚实土层后继续试验。

② 将 10 kg 锤提升至 50 cm 高自由落下，锤击频率控制在 15～30 击/min。以每贯入 30 cm 相应的锤击数作为试验指标进行计算。

（2）重型圆锥动力触探试验：

① 检查极具设备安装是否稳固，试验时支架不能偏移，各部件之间连接必须紧固。

② 重锤沿导杆自由下落时应保持垂直，锤座距孔口的高度宜小于 1.5 m，锤击频率 15～30 击/min。

③ 在预钻孔内进行试验时，钻孔直径大于 90 mm，孔深大于 3 m 实测击数大于 8 击/10 cm 时，可下直径不大于 90 mm 的套管以减小探杆径向晃动。

3）试验结果整理

（1）绘制动力触探曲线。

以实测锤击数或经杆长校正后的锤击数为横坐标，以贯入深度为纵坐标绘制曲线图。

（2）计算各层击数平均值。

① 按单孔统计各层动贯入指标平均值，剔除个别异常点和超前、滞后测试点。

② 根据各孔分层贯入指标平均值，用厚度加权平均法计算场地分层贯入指标平均值和变异系数。

③ 以每层土贯入指标加权平均值作为分析土层工程性质依据。

（3）划分土层界限。

由软层进入硬层时，分层界限选在软层最后一个小值点以下 2～3 倍探头直径处；由硬层进入软层时，分层界限选在软层第一个小值点以上 2～3 倍探头直径处。

9.2.2 孔隙水压力及土压力测试

1. 孔隙水压力监测

1）监测设备

采用孔隙水压力计监测孔隙水压力，孔隙水压力计可分为液压式、电阻式、电感式、差动电阻式、钢弦式、气压平衡式等。

2）监测方法

（1）布设测点：

① 监测点布设需遵循的原则是：沉桩区选择 1～2 处孔隙水压力预计较高区域集中布设监测点，每个区域监测点不少于 3 个；面向沉桩流向的沉桩区边线中线附近有里向外应一次布设 3～4 排，各排间距有里向外依次递增，各排监测点数量由里到外依次递减，第一排监测点数量不少于 4 个，最外排监测点数量一般为 2 个最外排监测点离沉桩区边线距离应在 1.5B 至 2B 之间，B 为沉桩区的半宽；每个监测区域内，不同深度应搭配布设监测点；其他三个方向沉桩区可少量布点作对比分析，也可不布设。

② 监测点埋置深度需遵循的原则：软弱层厚度小于 5 m，在软弱层深度 1/2 处布设；厚度大于 5 m 小于 10 m，在软弱层深度 1/3、2/3 处布设；厚度大于 10 m，在软弱层深度 1/3、1/2、2/3 处布设。

（2）检测仪器的埋设方法：

① 钻孔埋设法。

在埋设地点用钻探机钻孔，达到要求高程后，在孔底填入部分干净的细砂，将测头放入，再在侧头周围填砂，最后用膨胀性黏土将上部钻孔全部封好。

② 压入埋设法。

若土质较软，可将测头缓缓压至埋设高程，若有困难，可先成孔至设计高程以上 1 m 处，再将测头压入，上部严密封好。

（3）监测周期：

桩位离监测点较近时，孔隙水压力变化幅度较大，应跟踪监测；桩位离监测点较远时，孔隙水压力变化幅度较小，可每天监测 1～2 次。

3）监测资料整理

整理孔隙水压力变化与桩入土深度的关系；不同距离沉桩时，整理在监测点引起的孔隙水压力增量与距离的关系，并计算桩土接触面处的孔隙水压力值；不同沉桩施工流水对孔隙水压力的影响；桩群外部孔隙水压力变化情况，确定沉桩影响范围；沉桩结束后孔隙水压力消散规律。

2. 土压力测试

土压力测试包括土的总应力、垂直土压力、水平土压力和大、小主应力。

1）测试设备

采用土压力计测土压力，可分为界面式土压计和土中土压力计。常用的为土中土压力计，根据传感器类型可分为钢弦式、电阻应变片式、差动电阻式、气压式、水压式等。本书介绍钢弦式土压力计。

钢弦式土压力计由膜盒、传感器、电缆、接收仪四部分组成，其中，膜盒由两片不锈钢承压膜片焊接而成，两膜片间为 1 mm 厚的油腔，充满油为介质。

2）测试方法

（1）坑式法埋设根据填方材料的不同，在填方高程超过埋设高程 1 m 时，在埋设点开挖坑槽埋设。

（2）在黏性土中，坑槽深约 1.2 m，坑底面积约 1 m×1.2 m。对分散法水平埋设的土压力计，可在坑底中心挖仪器承台，承台高约 0.2 m，利用承台制备平整密实的仪器基床面。将土压力计安置平稳，上下四周约 20 cm 范围内用细砂填实。对垂直向和倾斜向埋设的土压力计，按要求方向在坑底挖浅槽，槽深约等于土压力计的半径，宽约为仪器厚度的 2~3 倍。

（3）土压力计组的埋设，依土压力计的数量，采用就地分散埋设法，埋设高程应符合设计高程。各土压力计之间的距离不超过 1 m，水平面以外的土压力计定位、定向应借助模板或成形体。

（4）土压力计埋设后的安全覆盖厚度，即能恢复正常施工必需的填方覆盖厚度，一般黏性土中不小于 1.2 m，在堆石填方中不小于 1.5 m。

（5）土压力计电缆的编号、埋设、保护和埋设过程中的监测要求与孔隙水压力计的相关要求一致。

3）测试资料整理

（1）计算土压力。

土压力计算公式：

$$\sigma_i = K(f_0^2 - f_i^2)$$

式中　σ_i——填土压力；

　　　K——传感器系数，实际应用时由标定给出；

　　　f_0——钢弦的初始自振频率；

　　　f_i——钢弦在土压力 σ_i 作用下的自振频率。

（2）填写埋设考证表。

表 9.29　埋设考证记录

工程名称＿＿＿＿＿＿　　生产厂家＿＿＿＿＿＿　　埋设人员＿＿＿＿＿＿

埋设日期＿＿＿＿＿＿　　天　　气＿＿＿＿＿＿　　气　　温＿＿＿＿＿＿

外形尺寸	埋设位置	埋设高程
地面高程	测头型号	接线长度
测定编号	量　　程	钢印号

编号	传感器系数 K	自振频率 f_0/Hz	自振频率 f_i/Hz	填土压力 σ_i/kPa	备注

第10章 桩的检测技术

10.1 桩的承载力检测

按测试加载方式的不同来分，桩的承载力检测可以分为静载试验和动载试验两种。静载试验是采用接近于桩的实际工作条件对桩施加静荷载，测得相应的变形和位移从而确定桩的承载力。动载试验是采用高应变法测试桩承载力的方法，除了可以测试桩的竖向抗压承载力外，还可以测试桩身完整性并监测打桩过程。

10.1.1 单桩竖向抗压静载试验

本试验荷载作用于桩顶产生位移，从而得到单根试桩荷载 Q—沉降 S 曲线，以及每级荷载随时间的变化曲线。如果在桩身中埋设量测元件，还可以测得桩侧各土层的极限摩阻力和端承力。

1. 试验设备

静载试验设备包括反力装置、加载装置、荷重测量装置和位移测量装置。

1）反力与加载装置

（1）锚桩横梁反力装置：

锚桩按抗拔桩的规定计算确定，在实验过程中监测锚桩上拔量。横梁的刚度、强度与锚桩拉筋断面在试验前需要验算。本方案的缺点是进行大吨位灌注桩试验时无法随机取样。

（2）堆重平台反力装置：

堆载材料一般为铁锭、混凝土块、砂袋，堆载重力为破坏荷载的 1.2 倍以上。堆载试验前一次均匀稳固的放置于平台上。在软土地基上，基准梁要支撑在其他工程桩上，其工字梁的高跨比宜大于 1/40。本方案的优点在于可以对试桩随机取样，适合不配筋或少配筋的桩。

（3）锚桩堆重联合反力装置：

试桩最大加载重力超过锚桩的抗拔能力时，在锚桩上或横梁上配重，由锚桩与堆载共同承担千斤顶反力。多台千斤顶并联加载时，其上下应设置足够刚度的钢垫箱，并使千斤顶合力通过试桩中心。

2）测试仪表

（1）荷重测量装置：

荷载用精度为 0.4 MPa 的高精度压力表测定千斤顶的油压，再根据事先标定的千斤顶率定曲线换算荷载。有需要的桩基试验可在千斤顶上放置应力环或压力传感器进行双控校正。

（2）位移测量装置：

沉降测量一般采用百分表或电子位移计，在桩的两个正交直径方向对称放置 4 个，小直径桩可放置 2 个或 3 个。固定和支撑百分表的夹具和横梁在构造上应确保不受气温、振动及其他外界因素影响。

3）桩身量测元件：

国内用得较多的是电阻式应变计和振弦式钢筋应力计，用屏蔽导线引出。

2. 试验方法

1）试桩要求

（1）试桩成桩工艺和质量控制标准应与工程桩一致。

（2）灌注桩试桩顶部应凿除浮浆，在顶部配置加密钢筋网 2～3 层，或以薄钢板护筒做成加强箍与桩顶混凝土浇成整体，桩顶用高强度等级的砂浆抹平。

（3）预制桩桩顶如出现破损，其顶部应外加封闭箍后浇捣高强细石混凝土加强。

（4）为安置沉降测点和仪表，试桩顶部露出试验坑地面高度不宜小于 60 cm。

（5）试桩间歇时间，从预制桩打入和灌注桩成桩到开始试验的时间间隔，在满足桩身强度达到设计要求的前提下：砂土类，不应小于 7 d；一般性黏土，不应小于 15 d，黏土与砂交互的土层取中间值；淤泥或淤泥质土，不应小于 25 d。

（6）试桩间歇期间，其周围 30 m 范围内不要产生如打桩一类造成地下孔隙水压力增高的干扰。

2）加载方法

一般采用慢速维持荷载法，即逐级加载，每级荷载达到相对稳定后，再加下一级荷载，直至破坏，最后卸载至零。沿海软土地区采用快速维持荷载法，即每隔 1 h 加一级荷载，所得极限荷载对应的沉降值比慢速法偏小。

3）慢速维持荷载法

（1）加载总量要求：

以桩身承载力控制极限承载力的工程试验桩，加载至设计承载力的 1.5～2.0 倍；嵌岩桩，当桩顶沉降量很小时，最大加载量不应小于设计承载力的 2.0 倍；当堆载为反力时，堆载重力不应小于试桩预估极限承载力的 1.2 倍。

（2）荷载分级：

按试桩的预计最大试验加载力等分为 10～15 级进行逐级等量加载。沉降较小的第一、二级荷载可以合并，预估的最后一级加载和在试验过程中提前出现临界破坏的那一级荷载可以分成二次加载。

（3）测读桩沉降的时间间隔：

每级加载观测时间为：每级荷载加载完毕后第 5 min、15 min、30 min、45 min、60 min读桩顶沉降，累计 1 h 后，每隔 30 min 观测一次。下沉未达稳定不得进行下一级加荷。

（4）稳定标准：

下列时间内加载下降量不大于 1 mm 可认为稳定：桩端下为巨粒土、砂类土、坚硬黏质土，最后 30 min；桩端下为半坚硬黏质土和细粒土，最后 1 h。

（5）加载终止条件：

总位移量大于或等于 40 mm，本级荷载下沉量大于前一级荷载下沉量的 5 倍时，加载可终止，取终止时荷载小一级的荷载为极限荷载；总位移量大于或等于 40 mm，本级荷载加上后 24 h 未达稳定，加载可终止，取此终止时荷载小一级的荷载为极限荷载；巨粒土、密实砂类土及坚硬的黏质土中，总下沉量小于 40 mm，但荷载已大于或等于设计荷载乘以设计规定的安全系数，加载可终止，取此时的荷载为极限荷载；施工过程中的检测性试验，一般加载应持续到桩的 2 倍设计荷载为止；若桩的总沉降量不超过 40 mm，及最后一级加载引起的沉降不超过前一级加载引起的沉降的 5 倍，该桩可以检验。

（6）卸载规定：

每级卸载值为加载增量的 2 倍，卸载后隔 15 min 测读一次，读 2 次后，隔 0.5 h 再读一次，即可卸下一级荷载。全部卸载后，隔 3～4 h 再读一次。

3．试验结果整理

1）绘制竖向荷载-沉降（Q-S）、沉降-时间对数（S-$\lg t$）曲线

2）试验记录

表 10.1　桩静载试验概况表

工程名称		设计单位		结构形式	
工程地点		勘察单位		层数	
委托单位		基桩施工单位		工程桩总数	
建设单位		兴建单位		混凝土设计强度等级	
桩型		持力层		单桩承载力特征值/kN	
桩径		设计桩长/m		试验最大荷载量/kN	
千斤顶编号及校准公式			压力表编号		
百分表编号					
试验序号	工程桩号	试验前桩头观察情况	试验后桩头观察情况		试验异常情况

其他情况说明：

表 10.2　桩静载试验记录表

工程名称：　　　　　　日期：　　　　　　桩号：　　　　　　试验序号：

油压表读数/MPa	荷载/kN	读数时间	时间间隔/min	读数/mm					沉降/mm	
				表 1	表 2	表 3	表 4	平均	本次	累计

试验记录：　　　　　　校对：　　　　　　审核：　　　　　　页次：

表 10.3　桩静载试验汇总表

工程名称：　　　　　　桩号：　　　　　　试验序号：

序号	荷载/kN	读数/mm		沉降/mm	
		本次	累计	本次	累计

3）单桩竖向极限承载力的确定

（1）按下列标准确定试桩竖向极限承载力：

① 当 Q-S 曲线的陡降段明显时，取相应于陡降段起点的荷载。

② 对于缓变型 Q-S 曲线，一般取 $S = 40 \sim 60$ mm 对应的荷载。

③ 取 S-lg$t$ 曲线尾部出现明显向下弯曲的前一级荷载。

④ 对于大直径钻孔灌注桩，取桩端沉降 $S = (0.03 \sim 0.06)D$（大桩径取低值，小桩径取高值）所对应的荷载。

⑤ 当桩顶沉降量尚小，但因受荷条件的限制提前终止试验时，极限承载力应取最大加荷值；桩身材料如果破坏，极限承载力应取破坏前一级荷载值。

（2）单桩竖向抗压极限承载力统计值按下列规定确定：

① 参加统计的试桩结果，当极差不超过平均值的 30% 时，取其平均值。

② 当极差不超过平均值的 30% 时，应分析极差过大的原因，结合工程具体情况确定，必要时可增加试桩数量。

③ 对桩数为 3 根或 3 根以下的柱下承台，或工程桩抽检数量少于 3 根时，应取低值。

10.1.2　单桩竖向抗拔静载试验

现在，大多数建（构）筑物基础既要承受竖向抗压荷载，又要承受竖向抗拔荷载。基础承受上拔力的建筑物主要有：受水平力作用的高耸建筑物；受水浮力作用的多层地

149

下室；索拉桥和斜拉桥所用的锚桩基础等。

桩基础是建筑物抵抗上拔荷载的重要基础形式，当桩基承受上拔力时，应进行抗拔验算。但目前，通用的方法是将现场原位抗拔试验资料应用到经验公式中，进行验算。故单桩竖向抗拔静荷载试验尤其重要。

1. 试验设备

竖向抗拔静荷载试验设备包括加载装置和测量装置。

1）试验反力、加载装置

（1）反力装置：

采用反力桩提供支座反力时，反力桩顶面应平整并具有一定的强度。为保证反力桩的稳定性，应注意反力桩边长（直径）不宜小于反力梁的梁宽。

采用天然地基提供反力时，两边支座处的地基强度应相近，且两边支座与地面的接触面积应相同，施加于地基的压应力不宜超过地基承载力特征值的 1.5 倍，反力梁支点重心应与支座中心重合。

（2）加载装置：

采用油压千斤顶加载，千斤顶的安装有两种方式。一种是将千斤顶试桩上方主梁的上面，这种方式适用于一台千斤顶，特别是穿心张拉千斤顶。第二种是将两台千斤顶分别放在反力桩或支撑墩的上面、主梁的下面，千斤顶顶主梁通过抬的方式对试桩施加上拔荷载，这种方式适用于大直径、高承载力的桩。

2）测试仪表

（1）荷重测量装置：

一是采用并联于千斤顶油路的压力表或压力传感器测定千斤顶的油压，再根据千斤顶率定曲线换算荷载。二是通过用放置在千斤顶上的荷重传感器直接测定。选择千斤顶和压力表时，需要注意量程问题。

（2）位移测量装置：

上拔量一般用百分表测量，布置方式与单桩抗压试验相同，注意安装时尽可能远离主筋，避免因钢筋变形导致观测数据失实。

2. 试验方法

1）试桩要求

试桩应按最大加载力计算桩身钢筋，且钢筋应沿桩身通长布置。从成桩到开始试验的时间间隔，在满足桩身强度达到设计要求的前提下：砂土类，不应小于 10 d；粉土或黏土，不应小于 15 d；淤泥或淤泥质土，不应小于 25 d。

2）加载方法

一般采用慢速维持荷载法，加载应均匀、无冲击，每级荷载为预计最大荷载的 1/10 ~ 1/15，达到相对稳定后，再加下一级荷载，直至破坏，最后逐级卸载至零。

3）变形观测

每级加载观测时间为：每级荷载加载完毕后第 5 min、15 min、30 min、45 min、

60 min 读桩顶上拔量，累计 1 h 后，每隔 30 min 观测一次。

4）稳定标准

每小时内的桩顶上拔量不超过 0.1 mm，并连续出现两次。

5）加载终止条件

在某级荷载作用下，桩顶上拔位移量下沉量大于前一级荷载作用下上拔量的 5 倍时；建筑试桩累计上拔量超过 100 mm，桥桩累计上拔量超过 25 mm；桩顶上拔荷载达到钢筋强度标准值的 0.9 倍。

3．试验结果整理

1）绘制上拔荷载-上拔量（U-δ）、上拔量-时间对数（δ-lg$t$）曲线

2）试验记录

表 10.4　桩竖向抗拔静荷载试验记录表

工程名称：　　　　　日期：　　　　　桩号：　　　　　试验序号：

油压表读数/MPa	荷载/kN	读数时间	时间间隔/min	读数/mm					上拔量/mm	
				表1	表2	表3	表4	平均	本次	累计

试验记录：　　　　　校对：　　　　　审核：　　　　　页次：

3）单桩竖向抗拔承载力的确定

（1）当 U-δ 曲线的陡升段明显时，取相应于陡升段起点的荷载。

（2）对于缓变型 U-δ 曲线，根据上拔量和 δ-lg$t$ 曲线变化综合判断，一般取 δ-lg$t$ 曲线明显弯曲的前一级荷载。

（3）某级荷载下抗拔钢筋断裂时，取其前一级荷载值。

10.1.3　单桩水平静载试验

单桩水平静载试验采用接近于水平受荷桩实际工作条件的试验方法，确定单桩水平临界荷载和极限荷载，推定土抗力参数，或对工程桩的水平承载力进行检验和评价。当桩身埋设有应变测量传感器时，可测量相应水平荷载作用下的桩身应力，并由此计算得出桩身弯矩分布情况，可为检验桩身强度、推求不同深度弹性地基系数提供依据。

1．试验设备

单桩水平静载试验设备包括加载装置、反力装置、量测装置。

1）加载装置

采用卧式千斤顶加载，用测力环或测力传感器确定施加荷载值，往复式循环试验可

用双向往复式油压千斤顶。为保证千斤顶施加的水平作用力通过桩身轴线，千斤顶与试桩接触面应放置球形铰座。

2）反力装置

利用试桩周围的工程桩或垂直加载力试验用的锚桩作为反力墩，或将两根至四根桩连成一体作为反力座，必要时可浇筑专门的支座作反力架。反力装置的承载能力应大于最大预估荷载的 1.2 ~ 1.5 倍。

3）量测装置

（1）桩顶水平位移测量：

采用大量程百分表量测。在每个试桩荷载作用平面和该平面以上 50 cm 左右各安装一只或两只百分表，下表量测桩身在地面处的水平位移，上表量测桩顶水平位移，根据两表位移差与两表距离的比值求出地面以上桩身的转角。

固定百分表的基准桩应打设在试桩影响范围之外，一般不小于 5D。当基准梁设置在与加荷轴线垂直方向上或试桩位移反方向时，间距可适当缩小，但不应小于 2 m。在陆上试桩时可用入土 1.5 m 以上的钢钎或型钢作为基准点。在港口码头设置基准点时，可采用专门设置的桩位作基准点。同组试桩基准点不应小于 2 个。搁置在基准点上的基准梁要有一定的刚度以减小晃动。整个基准装置系统应保持相对独立。

（2）桩身弯矩测量：

水平荷载作用下的桩身弯矩通过量测桩身应变来推算，故应在桩身粘贴应变量测元件。预制桩和灌注桩可在钢筋表面粘贴电阻应变片制成的应变计；钢桩可直接把电阻应变片粘贴在桩表面，为防止打桩引起的损坏，需设置在保护槽内。保护槽要做到密封、不透水，应变片表面要严格防潮；闭口钢管桩，可把桩身剖开把应变片粘贴在内壁，再焊接起来。

为量测桩身的弯矩和有关弯曲应变，各测试断面测点应成对布置在远离中心轴的地方。在地面下（10 ~ 15）D 主要受力部分应加密测试断面，断面间距一般不超过（1 ~ 1.5）D。

2. 试验方法

1）试桩要求

试桩位置应根据场地地质、设计要求综合选择具有代表性的地点；试桩周边 2 ~ 6 m 范围内布置钻孔，并取土样进行土工实验；试桩数量不少于 2 根；成桩到开始试验时间间隔，砂性土中打入桩不应少于 3 d，黏性土中打入桩不应少于 14 d，钻孔灌注桩成桩后一般不少于 28 d。

2）加载、卸载方法

一般有单循环连续加卸载法和多循环加卸载法两种。《公路桥涵施工技术规范》（JTJ 041—2000）采用单向多循环加载法，取预计最大试验荷载的 1/10 ~ 1/15 作为每级加载量，一般为 2.5 ~ 20 kN。

每级荷载施加后，恒载 4 min 测读水平位移，然后卸载到零，停 2 min 后测读残余水平位移，至此完成一个加、卸载循环，如此循环 5 次便完成一级荷载的试验观测。为保证试验结果的可靠性，加载时间尽量缩短，测量位移的时间间隔应准确，试验不得中途停歇。

3）终止试验条件

桩顶水平位移超过 20～40 mm，软土取 40 mm；桩身已断裂；桩侧地表明显裂纹或隆起；已达到试验要求的最大荷载或最大位移量。

3. 试验结果整理

1）单桩水平荷载和极限荷载的确定

（1）绘制荷载试验曲线：

绘制单桩水平静载试验水平力-时间-位移（$H\text{-}t\text{-}X$）曲线、水平力-位移梯度（$H\text{-}\Delta X$）曲线、水平力-位移双对数（$\lg H\text{-}\lg X$）曲线。

（2）单桩水平临界荷载的确定：

① 取 $H\text{-}t\text{-}X$ 曲线出现突变点的前一级荷载为水平临界荷载 H_{cr}。

② 取 $H\text{-}\Delta X$ 曲线第一直线段的终点所对应的荷载为水平临界荷载 H_{cr}。

③ 当桩身埋设有量测元件时，取 $H\text{-}\sigma_g$（最大弯矩点钢筋应力）曲线第一突变点所对应的荷载为水平临界荷载 H_{cr}。

（3）单桩水平极限荷载的确定：

① 取 $H\text{-}t\text{-}X$ 曲线明显陡降的前一级荷载为极限荷载 H_u。

② 取 $H\text{-}\Delta X$ 曲线第二直线段的终点所对应的荷载为极限荷载 H_u。

③ 取桩身打断或钢筋应力达到流限的前一级荷载为极限荷载 H_u。

④ 当试验项目对加荷方法或桩顶位移有特殊要求时，可根据相应的方法确定水平极限荷载。

2）试验记录

表 10.5　桩竖向抗拔静荷载试验记录表

工程名称：　　　　　　　日期：　　　　　　桩号：　　　　　　上下表距：

油压表读数/MPa	荷载/kN	观测时间	循环数	加载		卸载		水平位移/mm		加载上下表读数差平均	转角	备注
				上表	下表	上表	下表	加载	卸载			

试验记录：　　　　　　校核：　　　　　　检测单位：

10.2 桩身完整性检测

10.2.1 低应变（动测）法检测

低应变（动测）法检测的理论基础是用一维应力波理论对桩身完整性进行检测判定，

一般采用瞬态激振的时域分析法分析。本方法适用于检测混凝土桩的桩身完整性，判定桩身缺陷的程度及位置。

1. 试验设备

所用仪器设备包括测量响应系统和激振设备两部分。

1）测量响应系统

采用压电式加速度传感器为测量响应传感器，尽量选用自振频率较高的加速度传感器。桩顶瞬态响应测量是将加速度计的实测信号积分成速度曲线进行判读。在 ±10% 幅频误差内，加速度计幅频线性段的高限不宜小于 5 000 Hz，并应避免在桩顶敲击处表面凹凸不平时使用硬质材料锤。

2）激振设备

瞬态激振设备应包括：能激发宽脉冲和窄脉冲的力锤和锤垫；力锤可装有力传感器；稳态激振设备应包括激振力可调、扫频范围为 10～2 000 Hz 的电磁式稳态激振器。

2. 试验方法

1）受检桩要求

桩头的材质、强度、截面尺寸应与桩身基本等同。桩顶面应平整、密实、并与桩轴线基本垂直。灌注桩应凿去桩顶浮浆或松散、破损部分，并露出坚硬的混凝土表面，桩顶表面应平整干净无积水；应将敲击点和响应测量传感器安装点部位磨平。

2）测试参数设定

（1）时域信号分析的时间段长度应在 $2L/c$ 时刻后延续不少于 5 ms；幅频信号分析的频率范围上限不应小于 2 000 Hz。

（2）设定桩长应为桩顶测点至桩底的施工桩长，设定桩身截面积应为施工截面积。

（3）桩身波速可根据本地区同类型桩的测试值初步设定。

（4）采样时间间隔或采样频率应根据桩长、桩身波速和频域分辨率合理选择；时域信号采样点数不宜少于 1 024 点。

（5）传感器的设定值应按计量检定结果设定。

3）测量传感器安装和激振操作

（1）传感器安装应与桩顶面垂直；用耦合剂黏结时，应具有足够的黏结强度。

（2）实心桩的激振点位置应选择在桩中心，测量传感器安装位置宜为距桩中心 2/3 半径处；空心桩的激振点与测量传感器安装位置宜在同一水平面上，且与桩中心连线形成的夹角宜为 90°，激振点和测量传感器安装位置宜为桩壁厚的 1/2 处。

（3）激振点与测量传感器安装位置应避开钢筋笼的主筋影响。

（4）激振方向应沿桩轴线方向。

（5）瞬态激振应通过现场敲击试验，选择合适重量的激振力锤和锤垫，宜用宽脉冲获取桩底或桩身下部缺陷反射信号，宜用窄脉冲获取桩身上部缺陷反射信号。

（6）稳态激振应在每一个设定频率下获得稳定响应信号，并应根据桩径、桩长及桩周土约束情况调整激振力大小。

4）信号采集和筛选

（1）根据桩径大小，桩心对称布置 2～4 个检测点；每个检测点记录的有效信号数不宜少于 3 个。

（2）检查判断实测信号是否反映桩身完整性特征。

（3）不同检测点及多次实测时域信号一致性较差，应分析原因，增加检测点数量。

（4）信号不应失真和产生零漂，信号幅值不应超过测量系统的量程。

3．试验结果整理

1）桩身波速平均值的确定

（1）当桩长已知、桩底反射信号明确时，在地质条件、设计桩型、成桩工艺相同的基桩中，选取不少于 5 根 Ⅰ 类桩的桩身波速值按下式计算其平均值：

$$c_m = \frac{1}{n} \sum_{i=1}^{n} c_i$$

$$c_i = \frac{2\,000L}{\Delta T}$$

$$c_i = 2L \cdot \Delta f$$

式中　c_m——桩身波速的平均值（m/s）；

　　　c_i——第 i 根受检桩的桩身波速值（m/s）；

　　　L——测点下桩长（m）；

　　　ΔT——速度波第一峰与桩底反射波峰间的时间差（ms）；

　　　Δf——幅频曲线上桩底相邻谐振峰间的频差（Hz）；

　　　n——参加波速平均值计算的基桩数值（ $n \geqslant 5$ ）。

（2）当无法按上式确定时，波速平均值可根据本地区相同桩型及成桩工艺的其他桩基工程的实测值，结合桩身混凝土的骨料品种和强度等级综合确定。

2）桩身缺陷位置

$$x = \frac{1}{2\,000} \cdot \Delta t_x \cdot c$$

$$x = \frac{1}{2} \cdot \frac{c}{\Delta f'}$$

式中　x——桩身缺陷至传感器安装点的距离（m）；

　　　Δt_x——速度波第一峰与缺陷反射波峰间的时间差（ms）；

　　　c——受检桩的桩身波速（m/s）；

　　　$\Delta f'$——幅频信号曲线上缺陷相邻谐振峰间的频差（Hz）。

3）桩身完整性类别

应结合缺陷出现的深度、测试信号衰减特性以及设计桩型、成桩工艺、地质条件、施工情况，按表 10.6 所列实测时域或幅频信号特征进行综合分析判定。

表 10.6　桩身完整性判定

类别	时域信号特征	幅频信号特征
I	$2L/c$ 时刻前无缺陷反射波； 有桩底反射波	桩底谐振峰排列基本等间距，其相邻频差 $\Delta f \approx c/2L$
II	$2L/c$ 时刻前出现轻微缺陷反射波； 有桩底反射波	桩底谐振峰排列基本等间距，其相邻频差 $\Delta f \approx c/2L$，轻微缺陷产生的谐振峰与桩底谐振峰之间的频差 $\Delta f' > c/2L$
III	有明显缺陷反射波，其他特征介于 II 类和 IV 类之间	
IV	$2L/c$ 时刻前出现严重缺陷反射波或周期性反射波，无桩底反射波； 或因桩身浅部严重缺陷使波形呈现低频大振幅衰减振动，无桩底反射波	缺陷谐振峰排列基本等间距，相邻频差 $\Delta f' > c/2L$，无桩底谐振峰； 或因桩身浅部严重缺陷只出现单一谐振峰，无桩底谐振峰

注：对同一场地、地质条件相近、桩型和成桩工艺相同的基桩，因桩端部分桩身阻抗与持力层阻抗相匹配导致实测信号无桩底反射波时，可参照本场地同条件下有桩底反射波的其他桩实测信号判定桩身完整性类别。

对于混凝土灌注桩，采用时域信号分析时应区分桩身截面渐变后恢复至原桩径并在该阻抗突变处的一次反射，或扩径突变处的二次反射，结合成桩工艺和地质条件综合分析判定受检桩的完整性类别。必要时，可采用实测曲线拟合法辅助判定桩身完整性或借助实测导纳值、动刚度的相对高低辅助判定桩身完整性。

对于嵌岩桩，桩底时域反射信号为单一反射波且与锤击脉冲信号同向时，应采取其他方法核验桩底嵌岩情况。

出现下列情况之一，桩身完整性判定宜结合其他检测方法进行：

（1）实测信号复杂，无规律，无法对其进行准确评价。

（2）设计桩身截面渐变或多变，且变化幅度较大的混凝土灌注桩。

10.2.2　高应变（动力）法检测

高应变（动力）法检测是给桩土系统施加较大能量的瞬时荷载，使桩土间产生一定的相对位移。本检测法常用波动方程半经验解析解法（Case 法）和波动方程拟合法（Capwapc 法）。

1. 试验设备

锤击设备宜具有稳固的导向装置；打桩机械或类似的装置（导杆式柴油锤除外）都可作为锤击设备。

重锤应材质均匀、形状对称、锤底平整，高径（宽）比不得小于 1，并采用铸铁或铸钢制作。当采取自由落锤安装加速度传感器的方式实测锤击力时，重锤应整体铸造，且高径（宽）比应在 1.0～1.5 范围内。进行承载力检测时，锤的重量应大于预估单桩极限承载力的 1.0%～1.5%，混凝土桩的桩径大于 600 mm 或桩长大于 30 m 时取高值。

2．试验方法

1）检测前的准备工作

（1）预制桩承载力的时间效应应通过复打确定。

（2）桩顶面应平整，桩顶高度应满足锤击装置的要求，桩锤重心应与桩顶对中，锤击装置架立应垂直。

（3）对不能承受锤击的桩头应做加固处理，混凝土桩应先凿掉桩顶部的破碎层和软弱混凝土。桩头主筋应全部直通至桩顶混凝土保护层之下，各主筋应在同一高度上。距桩顶 1 倍桩径范围内，宜用厚度为 3 ~ 5 mm 的钢板围裹或距桩顶 1.5 倍桩径范围内设置箍筋，间距不宜大于 100 mm。桩顶应设置钢筋网片 2 ~ 3 层，间距 60 ~ 100 mm。桩头混凝土强度等级宜比桩身混凝土提高 1 ~ 2 级，且不得低于 C30。桩头测点处截面积应与原桩身截面积相同。

（4）传感器的安装应符合附录 I 的规定。

（5）桩头顶部应设置桩垫，桩垫可采用 10 ~ 30 mm 厚的木板或胶合板等材料。

2）参数设定和计算

（1）采样时间间隔宜为 50 ~ 200 μs，信号采样点数不宜少于 1 024 点。

（2）传感器的设定值应按计量检定结果设定。

（3）自由落锤安装加速度传感器测力时，力的设定值由加速度传感器设定值与重锤质量的乘积确定。

（4）测点处的桩截面尺寸应按实际测量确定，波速、质量密度和弹性模量应按实际情况设定。

（5）测点以下桩长和截面积可采用设计文件或施工记录提供的数据作为设定值。

（6）桩身材料质量密度应按表 10.7 取值。

表 10.7　桩身材料质量密度　　　　　　　　　　　　　　　t/m³

钢　桩	混凝土预制桩	离心管桩	混凝土灌注桩
7.85	2.45 ~ 2.50	2.55 ~ 2.60	2.40

（7）桩身波速可结合本地经验或按同场地同类型已检桩的平均波速初步设定。

（8）桩身材料弹性模量应按下式计算：

$$E = \rho \cdot c^2$$

式中　E——桩身材料弹性模量（kPa）；

　　　ρ——桩身材料质量密度（t/m³）；

　　　c——桩身应力波传播速度（m/s）。

3）现场检测要求

（1）交流供电的测试系统应良好接地；检测时测试系统应处于正常状态。

（2）采用自由落锤为锤击设备时，应重锤低击，最大锤击落距不宜大于 2.5 m。

（3）试验目的为确定预制桩打桩过程中的桩身应力、沉桩设备匹配能力和选择桩长时，应按附录Ⅱ执行。

（4）检测时应及时检查采集数据的质量；每根受检桩记录的有效锤击信号应根据桩顶最大动位移、贯入度以及桩身最大拉、压应力和缺陷程度及其发展情况综合确定。

（5）发现测试波形紊乱，应分析原因；桩身有明显缺陷或缺陷程度加剧，应停止检测。

4）承载力检测时宜实测桩的贯入度，单击贯入度宜为 2~6 mm

3．试验结果整理

检测承载力时选取锤击信号，宜取锤击能量较大的击次。

（1）当出现下列情况之一时，锤击信号不得作为承载力分析计算的依据。

① 传感器安装处混凝土开裂或出现严重塑性变形使力曲线最终未归零。

② 严重锤击偏心，两侧力信号幅值相差超过 1 倍。

③ 触变效应的影响，预制桩在多次锤击下承载力下降。

④ 四通道测试数据不全。

（2）桩身波速可根据下行波波形起升沿的起点到上行波下降沿的起点之间的时差与已知桩长值确定（图 10.1）；桩底反射信号不明显时，可根据桩长、混凝土波速的合理取值范围以及邻近桩的桩身波速值综合确定。

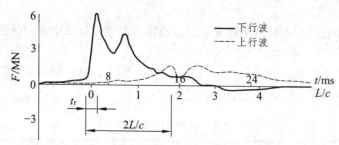

图 10.1　桩身波速的确定

（3）当测点处原设定波速随调整后的桩身波速改变时，桩身材料弹性模量和锤击力信号幅值的调整应符合下列规定：

① 桩身材料弹性模量应重新计算。

② 当采用应变式传感器测力时，应同时对原实测力值校正。

（4）高应变实测的力和速度信号第一峰起始比例失调时，不得进行比例调整。

（5）分析计算前，应结合地质条件、设计参数，对实测波形特征进行定性检查：

① 实测曲线特征反映出的桩承载性状。

② 观察桩身缺陷程度和位置，连续锤击时缺陷的扩大或逐步闭合情况。

（6）以下四种情况应采用静载法进一步验证：

① 桩身存在缺陷，无法判定桩的竖向承载力。

② 桩身缺陷对水平承载力有影响。

③ 单击贯入度大，桩底同向反射强烈且反射峰较宽，侧阻力波、端阻力波反射弱，即波形表现出竖向承载性状明显与勘察报告中的地质条件不符合。

④ 嵌岩桩桩底同向反射强烈，且在时间 $2L/c$ 后无明显端阻力反射，也可采用钻芯法核验。

（7）采用凯司法判定桩承载力，应符合下列规定：

① 只限于中、小直径桩。

② 桩身材质、截面应基本均匀。

③ 阻尼系数 J_c 宜根据同条件下静载试验结果校核，或应在已取得相近条件下可靠对比资料后，采用实测曲线拟合法确定 J_c 值，拟合计算的桩数应不少于检测总桩数的 30%，且不少于 3 根。

④ 在同一场地、地质条件相近和桩型及其截面积相同情况下，J_c 值的极差不宜大于平均值的 30%。

（8）Case 法判定单桩承载力可按下列公式计算：

$$R_c = \frac{1}{2}(1 - J_c) \cdot [F(t_1) + Z \cdot V(t_1)] + \frac{1}{2}(1 + J_c) \cdot \left[F\left(t_1 + \frac{2L}{c}\right) - Z \cdot V\left(t_1 + \frac{2L}{c}\right) \right]$$

$$Z = \frac{E \cdot A}{c}$$

式中　R_c——由凯司法判定的单桩竖向抗压承载力（kN）；

　　　J_c——凯司法阻尼系数；

　　　t_1——速度第一峰对应的时刻（ms）；

　　　$F(t_1)$——t_1 时刻的锤击力（kN）；

　　　$V(t_1)$——t_1 时刻的质点运动速度（m/s）；

　　　Z——桩身截面力学阻抗（kN·s/m）；

　　　A——桩身截面面积（m²）；

　　　L——测点下桩长（m）。

注：公式适用于 $t_1 + 2L/c$ 时刻桩侧和桩端土阻力均已充分发挥的摩擦型桩。

对于土阻力滞后于 $t_1 + 2L/c$ 时刻明显发挥或先于 $t_1 + 2L/c$ 时刻发挥并造成桩中上部强烈反弹这两种情况，宜分别采用以下两种方法对 R_c 值进行提高修正：

① 适当将 t_1 延时，确定 R_c 的最大值。

② 考虑卸载回弹部分土阻力对 R_c 值进行修正。

（9）采用实测曲线拟合法判定桩承载力，应符合下列规定：

① 所采用的力学模型应明确合理，桩和土的力学模型应能分别反映桩和土的实际力学性状，模型参数的取值范围应能限定。

② 拟合分析选用的参数应在岩土工程的合理范围内。

③ 曲线拟合时间段长度在 $t_1 + 2L/c$ 时刻后延续时间不应小于 20 ms；对于柴油锤打桩信号，在 $t_1 + 2L/c$ 时刻后延续时间不应小于 30 ms。

④ 各单元所选用的土的最大弹性位移值不应超过相应桩单元的最大计算位移值。

⑤ 拟合完成时，土阻力响应区段的计算曲线与实测曲线应吻合，其他区段的曲线应基本吻合。

⑥ 贯入度的计算值应与实测值接近。

（10）本方法对单桩承载力的统计和单桩竖向抗压承载力特征值的确定应符合下列规定：

① 参加统计的试桩结果，当满足其级差不超过 30% 时，取其平均值为单桩承载力统计值。

② 当极差超过 30% 时，应分析极差过大的原因，结合工程具体情况综合确定。必要时可增加试桩数量。

③ 单位工程同一条件下的单桩竖向抗压承载力特征值 R_a 应按本方法得到的单桩承载力统计值的一半取值。

（11）桩身完整性判定可采用以下方法进行：

采用实测曲线拟合法判定时，拟合时所选用的桩土参数应符合第 2.3.9 条第（1）~（2）款的规定；根据桩的成桩工艺，拟合时可采用桩身阻抗拟合或桩身裂隙（包括混凝土预制桩的接桩缝隙）拟合。

对于等截面桩，可参照表 2.2 并结合经验判定；桩身完整性系数 β 和桩身缺陷位置 x 应分别按下列公式计算：

$$\beta = \frac{[F(t_1) + Z \cdot V(t_1)] - 2R_x + [F(t_x) - Z \cdot V(t_x)]}{[F(t_1) + Z \cdot V(t_1)] - [F(t_x) - Z \cdot V(t_x)]}$$

$$x = c \cdot \frac{t_x - t_1}{2\,000}$$

式中　β ——桩身完整性系数；

　　　t_x ——缺陷反射峰对应的时刻（ms）；

　　　x ——桩身缺陷至传感器安装点的距离（m）；

　　　R_x ——缺陷以上部位土阻力的估计值，等于缺陷反射波起始点的力与速度乘以桩身截面力学阻抗之差值，取值方法见图 10.2。

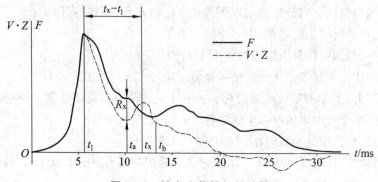

图 10.2　桩身完整性系数计算

表 10.8　桩身完整性判定

类　别	β 值	类别	β 值
I	$\beta = 1.0$	III	$0.6 \leqslant \beta < 0.8$
II	$0.8 \leqslant \beta < 1.0$	IV	$\beta < 0.6$

（12）出现下列情况之一时，桩身完整性判定宜按工程地质条件和施工工艺，结合实测曲线拟合法或其他检测方法综合进行：

① 桩身有扩径的桩。

② 桩身截面渐变或多变的混凝土灌注桩。

③ 力和速度曲线在峰值附近比例失调，桩身浅部有缺陷的桩。

④ 锤击力波上升缓慢，力与速度曲线比例失调的桩。

（13）桩身最大锤击拉、压应力和桩锤实际传递给桩的能量应分别按附录 Ⅱ 相应公式计算。

参考文献

[1] 崔托维奇. 土力学. 北京：地质出版社，1954.

[2] K·太沙基. 理论土力学. 徐志英，译. 北京：地质出版社，1960.

[3] 盖尔德，古德胡斯. 土力学. 朱百里，译. 上海：同济大学出版社，1986.

[4] 赵树德. 土力学. 北京：高等教育出版社，2001.

[5] 东南大学，浙江大学，湖南大学，苏州城建环保学院. 土力学. 2 版. 北京：中国建筑工业出版社，2001.6

[6] 陈晓平，陈书申. 土力学与地基基础. 武汉：武汉理工大学出版社，2003.

[7] 孙维东. 土力学与地基基础. 北京：机械工业出版社，2003.

[8] 陈希哲. 土力学与地基基础. 4 版. 北京：清华大学出版社，2004.

[9] 卢廷浩，刘祖德，等. 高等土力学. 北京：机械工业出版社，2005.

[10] 廖红建，赵树德，等. 岩土工程测试. 北京：机械工业出版社，2007.

[11] 谢定义，姚仰平，党发宁. 高等土力学. 北京：高等教育出版社，2008.

[12] 袁聚云，钱建固，张宏鸣，等. 土质学与土力学. 北京：人民交通出版社，2009.

[13] 李广信. 岩土工程 50 讲——岩坛漫话. 2 版. 北京：人民交通出版社，2010.

[14] 近畿高校土木会. 土质力学. 出版社著作管理机构，2012.

[15] 李广信，张丙印，于玉贞. 土力学. 2 版. 北京：清华大学出版社，2013.

[16] 代国忠，史贵才. 土力学与基础工程. 2 版. 北京：机械工业出版社，2013.

[17] 杨红霞，赵峥嵘. 土质学与土力学. 北京：机械工业出版社，2015.

[18] GB 50007—2011　建筑地基基础设计规范.

附录 I 高应变法传感器安装

1 检测时至少应对称安装冲击力和冲击响应（质点运动速度）测量传感器各两个（传感器安装见图）。冲击力和响应测量可采取以下方式：

（1）在桩顶下的桩侧表面分别对称安装加速度传感器和应变式力传感器，直接测量桩身测点处的响应和应变，并将应变换算成冲击力。

（2）在桩顶下的桩侧表面对称安装加速传感器直接测量响应，在自由落锤锤体 $0.5H_r$ 处（H_r 为锤体高度）对称安装加速度传感器直接测量冲击力。

2 在第 1 条第（1）款条件下，传感器宜分别对称安装在距桩顶不小于 $2D$ 的桩侧表面处（D 为试桩的直径或边宽）；对于大直径桩，传感器与桩顶之间的距离可适当减小，但不得小于 $1D$。安装面处的材质和截面尺寸应与原桩身相同，传感器不得安装在截面突变处附近。

在第 1 条第（2）款条件下，对称安装在桩侧表面的加速度传感器距桩顶的距离不得小于 $0.4H_r$ 或 $1D$，并取两者高值。

3 在第 1 条第（1）款条件下，传感器安装尚应符合下列规定：

（1）应变传感器与加速度传感器的中心应位于同一水平线上，同侧的应变传感器和加速度传感器间的水平距离不宜大于 100 mm。安装完毕后，传感器的中心轴应与桩中心轴保持平行。

（2）各传感器的安装面材质应均匀、密实、平整，并与桩轴线平行，否则应采用磨光机将其磨平。

（3）安装螺栓的钻孔应与桩侧表面垂直；安装完毕后的传感器应紧贴桩身表面，锤击时传感器不得产生滑动。安装应变式传感器时应对其初始应变值进行监视，安装后的传感器初始应变值应能保证锤击时的可测轴向变形余量为：混凝土桩应大于 $\pm 1\,000\,\mu\varepsilon$；钢桩应大于 $\pm 1\,500\,\mu\varepsilon$。

4 当连续锤击监测时，应将传感器连接电缆有效固定。

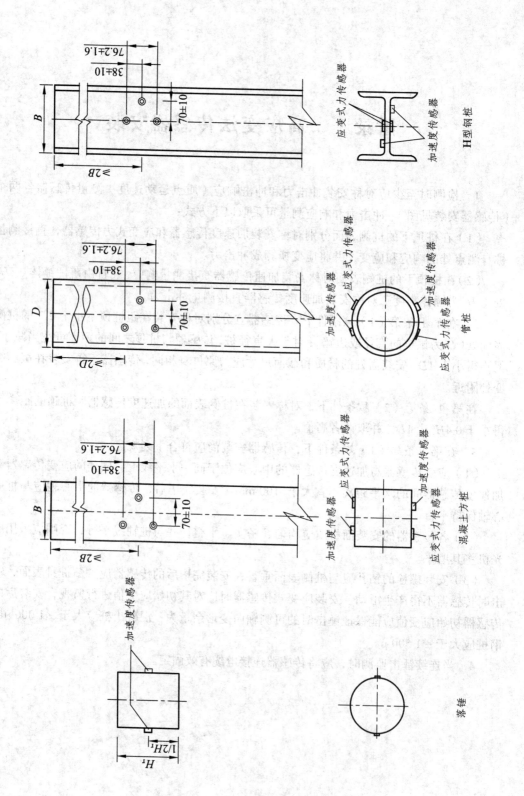

附录Ⅱ　试打桩与打桩监控

Ⅱ.1　试打桩

1.1　为选择工程桩的桩型、桩长和桩端持力层进行试打桩时，应符合下列规定：

1　试打桩位置的工程地质条件应具有代表性。

2　试打桩过程中，应按桩端进入的土层逐一进行测试；当持力层较厚时，应在同一土层中进行多次测试。

1.2　桩端持力层应根据试打桩结果的承载力与贯入度关系，结合场地岩土工程勘察报告综合判定。

1.3　采用试打桩判定桩的承载力时，应符合下列规定：

1　判定的承载力值应小于或等于试打桩时测得的桩侧和桩端静土阻力值之和与桩在地基土中的时间效应系数的乘积，并应进行复打校核。

2　复打至初打的休止时间应符合下表的规定。

休止时间

土的类别	休止时间/d	土的类别		休止时间/d
砂　土	7	黏性土	非饱和	15
粉　土	10		饱和	25

注：对于泥浆护壁灌注桩，宜适当延长休止时间。

Ⅱ.2　桩身锤击应力监测

2.1　桩身锤击应力监测应符合下列规定：

1　被监测桩的桩型、材质应与工程桩相同；施打机械的锤型、落距和垫层材料及状况应与工程桩施工时相同。

2　应包括桩身锤击拉应力和锤击压应力两部分。

2.2　为测得桩身锤击应力最大值，监测时应符合下列规定：

1　桩身锤击拉应力宜在预计桩端进入软土层或桩端穿过硬土层进入软夹层时测试。

2　桩身锤击压应力宜在桩端进入硬土层或桩周土阻力较大时测试。

2.3　最大桩身锤击拉应力可按下式计算：

$$\sigma_t = \frac{1}{2A}\left\{Z \cdot V\left(t_1 + \frac{2L}{c}\right) - F\left(t_1 + \frac{2L}{c}\right) - Z \cdot V\left[t_1 + \frac{2L - 2x}{c}\right] - F\left[t_1 + \frac{2L - 2x}{c}\right]\right\}$$

式中　σ_t——最大桩身锤击拉应力（kPa）；

x——传感器安装点至计算点的距离（m）；

A——桩身截面面积（m²）。

2.4　最大桩身锤击压应力可按下式计算：

$$\sigma_p = \frac{F_{max}}{A}$$

式中　σ_p——最大桩身锤击压应力（kPa）；

F_{max}——实测的最大锤击力（kN）。

2.5　桩身最大锤击应力控制值，应符合《建筑桩基技术规范》JGJ 94 中有关规定。

Ⅱ.3　锤击能量监测

3.1　桩锤实际传递给桩的能量应按下式计算：

$$E_n = \int_0^{t_e} F \cdot V \cdot dt$$

式中　E_n——桩锤实际传递给桩的能量（kJ）；

t_e——采样结束的时刻。

3.2　桩锤最大动能宜通过测定锤芯最大运动速度确定。

3.3　桩锤传递比应按桩锤实际传递给桩的能量与桩锤额定能量的比值确定；桩锤效率应按实测的桩锤最大动能与桩锤的额定能量的比值确定。